C

气候变化与人类发展译丛

新闻出版总署"十一五"重点图书规划项目

气候变化与人类发展译丛
Climate Change and Human Development

新闻出版总署"十一五"重点图书规划项目

气候变化的挑战与民主的失灵

〔澳〕大卫·希尔曼　〔澳〕约瑟夫·韦恩·史密斯/著
(David Shearman & Joseph Wayne Smith)

武锡申　李楠/译

The Climate Change
Challenge and the Failure
of Democracy

社会科学文献出版社
SOCIAL SCIENCES ACADEMIC PRESS (CHINA)

本书根据 Praeger 出版社 2007 年版译出

丛书出版前言

当今时代，人类正面临着气候变化的严峻问题。科学研究显示，当前海平面上升速度惊人，如果一切照旧，预计到 2100 年海平面将上升 1 米甚至更高。这意味着届时将有十分之一世界人口的生存环境面临严重威胁。科学家们指出，气候变暖还将导致洪水、干旱等自然灾害频发、极端天气屡屡出现的局面，粮食减产、物种灭绝、空气污染，都将随气候变化接踵而来。有评论指出，气候变化问题是人类有史以来面临的最大挑战，是 21 世纪的核心议题。

面对气候变化的严峻形势，国际社会负责任的政府和有识之士已展开多角度、多层面的行动。1992 年 6 月在联合国环境与发展大会上，150 多个国家共同制定了《联合国气候变化框架公约》；1997 年 12 月缔约国第三次会议通过了《京都议定书》。这两份文件奠定了全球应对气候变化的国际合作的法律基础。2007 年巴厘岛联合国气候变化会议通过的"巴厘路线图",则为国际社会探讨2012年后的气候变化国际制度安排指明了方向,确定了时间表。2009年9月份在纽约召开的"联合国气候变化峰会"再次将气候变化问题推向了国际舞台的中心。即将召开的哥本哈根会议将达成什么样的结果,已成为当前国际社会的一个焦点话题。

中国党和政府历来高度重视气候变化问题。胡锦涛总书记在2009年9月22日联合国气候变化峰会上指出:"应对气候变化,实现可持续发展,是摆在我们面前一项紧迫而又长期的任务,事关人类生存环境和各国发展前途,需要各国进行不懈努力。"温家宝总理2008年11月19日在应对气候变化技术开发与转让高级别研讨会上指出:"气候变化是国际社会普遍关心的重大全球性问题,事关人类的生存环境和各国的繁荣发展。"在政策层面,中国已经把建设生态文明确定为一项战略任务,坚持把资源节约和环境保护作为基本国策,制定了《应对气候变化国家方案》,成立了国家应对气候变化领导小组,为应对全球气候变化作出了积极努力。

当前,全球金融危机加剧蔓延,世界经济增长明显放缓,对各国经济发展和人民生活带来严峻考验。在这样的形势下,全球应对气候变化的努力面临着倒退的威胁。有的决策者辩称,现在我们要先集中处理眼前的经济危机,然后再去考虑气候变化问题。然而,气候变化问题更加急迫、影响更加深远,必须在处理经济危机的同时处理气候变化问题,这样才能在未来确保全球经济长期趋于稳定。在当前的时刻,我们应对气候变化的决心决不能动摇,行动决不能松懈。

应对气候变化,首先靠科学技术。科学技术和创新不仅在发现和揭示,而且在应对和解决气候变化问题方面具有不可替代的作用。然而，气候变化给自然生态系统和人类社会发展带来的影响是全方位的，应对气候变化也需要多层面、多角度的力量。有学者指出，气候变化绝不仅仅是一个自然科学问题，反而更是一个社会科学问题。不是科学造成了气候变化，而是科学在社会层面的误用造成了气候变化；解决气候变化问题不能单靠自然科学，社会科学的作用更加重要。

综观我国各方面对气候变化的关注可以发现，气候变化已成为国内决策层、学术界、媒体的热点话题。在这种大环境下，国内对气候变化的研究已开始呈现蓬勃发展的势头。从图书出版来看，目前已出版的、直接以气候变化为题的著作，达到数百部。但可惜的是，这些已出版的著作绝大多数是自然科学方面的，从人文社会科学的角度研究气候变化的著作只有寥寥数本，而且研究比较初步。如此重要、如此关乎人类生存的一个问题，国内从人文社会科学角度开展的研究居然如此之少，令人触目惊心！

但当我们将目光瞄向国外的时候，那边可谓"风景独好"。在西方，自然科学和人文科学有着并驾齐驱的长期传统。在气候变化问题上，西方同样遵循了这一传统。从已出版的气候变化著作看，人文社会科学的研究占了相当大的比重。例如，英国剑桥大学出版社推出的气候变化类图书达到近百部，其中，人文社会科学类达近30部。西方许多著名人文社会科学学者，包括政治学家、经济学家、社会学家、哲学家、历史学家，无一例外地开始关注这一问题。

因此，当前亟须做的事情，首先是引介国外有关著作，进一步激发国内决策层、学术界、媒体对这一问题的关注；通过译介这一形式，大力推动我国有关气候变化对政治、经济、社会、文化等方面的影响的研究，以便为我们制定更加切实可行的经济社会和科学技术发展的战略、规划和政策提供有力的支撑。

本丛书——"气候变化与人类发展"——秉承的就是这一使命。出版这套丛书的设想早在党的十七大和巴厘岛联合国气候变化会议召开之前，就已由社会科学文献出版社社长谢寿光先生提出，委托中央编译局曹荣湘研究员全面策划，并由他担任执行主编。一贯以追踪学术前沿和社会热点为己任的社会科学文献出版社，以超前的战略眼光和深切的人文关怀，引进、译介国外的相关著作，并在此基础上出版我国相关的研究成果，必将引起我国广大有识之士的高度重视，大力推进我国学术界对气候变化问题的研究，为我国决策层提供参考，为人类共同的事业奉献一份精彩的礼物。

本丛书已入选新闻出版总署"十一五"国家重点图书规划项目，并得到了中国社会科学院、科技部等有关方面的关心和大力支持，在此致以诚挚的谢意！

目 录
CONTENTS

055 第三章
饥饿加饥渴:食物和水的盗窃

由于人口增长、污染和气候变化,水资源会逐步减少。我们面临的水治理危机,实质上是我们对水的不合理管理引起的……自由民主制演化出的价值体系将水当作一种商品……

077 第四章
生物多样性、生态和人口

生物多样性是指所有生命形式的差异性。所有生物都存在于一张生命之网中,为了食物和资源相互依赖,人类是生命之网的一部分……生态系统服务是人类健康和福祉的必需部分,生态服务的枯竭是对生存的威胁,而在政府眼里,生态服务的保护不具有优先权……

第五章

你认为民主是什么，它就是什么 098

人们常常捍卫民主，但很少有人给它定义，每个人从他们自己的社会观出发，民主已然成为了自利的运动场……民主的缺陷不仅可能导致专制、社会腐败，还要加上一个根本得多的问题——它会导致公地悲剧，会导致环境破环……

第六章

政治的终结 115

传统的自由民主政治已经走到尽头，因为即使各种功能性民主是可能的，却还有众多的力量——金融、媒体、商业集团等企图去腐蚀它，并阻碍它去真正代表人民的呼声。考虑到这种权利结构和不平等，民主只是一种幻象……人类历史中，威权主义政权是典型，民主制则是少数，这在过去当然是真实的，而在民主理论家们称之为"民主时代"的今天也是真实的，威权主义是人类的一种自然选择……

138 第七章
垂死的自由主义：自由价值观的崩溃

自由主义的实质是，给予私有产权的关注多于对人的生命的关注。自由主义是一种"人类沙文主义"的道德理论……现代自由资本主义为了自己的成功运作，需要一个以几何级数扩大的市场，增长的物理极限注定了它的灭亡……

158 第八章
威权主义是否可能成为选项？

面对文明的危机，我们有理由假设威权结构将会出现，但致力于军国主义和工业化的计划经济同样对环境具有破坏性……我们的威权主义形式依赖于整个社会阶层的领导，而不是一个人，甚至不是一个政党，新加坡的"非自由主义民主"或许可以给我们以启发……

第九章
柏拉图的复仇
182

自由民主社会面临的社会、政治和生态压力会逐渐把它们转变成威权政体……那些拒绝民主思想的人转向了柏拉图的《理想国》，其哲学王的精英阶级统治思想有一些价值，这些接受了生态学、各种科学、哲学训练，具有很高智力和道德水平的新的哲学王将会忠于生命的价值，解决环境危机……

第十章
民主能改革吗？
200

限制增长、社团主义和统治分离、进行金融和法制改革，以及向公共利益回归，这些议题存在密切联系，需要当作一个协调一致的整体来对待。只有这样，我们才能看到自由民主制改革的曙光……

前　言

　　本书讨论的是近乎肯定的气候变化及其严重后果，以及民主社会在应对不足方面的失灵。我们正在制造一个不适合人类居住的新星球，这个星球生产的水和食物都很少，而且没有必要的生态服务以支持世界的人口。2007 年 2 月，第四个《政府间气候变化专门委员会的报告》发表。包括许多美国人在内的 2300 名气候学家一致认为，气候变化较之 2001 年的上一份报告中的情况更为严重，并强调要紧急行动起来。

　　我们认识到这些日益迫切的问题，已经有几十年了。科学上的确定性每一年都在增加，而我们却未能做出恰当的行动以应对威胁。我们分析了这种惰性的原因。这种理解将引导你扪心自问，西方文明到底是能够以现在的繁荣、健康和康乐状态生存下去，还是不久就将遭受所有以前文明的命运——仅仅成为历史的一页？

　　我们向你们读者提出的要求，远不止于理解气候变化的后果和民主的运作方式。你们需要考察自己反思的局限,考察生物学和文化对你的推动。我们提出的问题很难回答。你对你的孩子们负责,但你答应对你可能永不会看到的后人,比如你的曾孙辈负责吗?如果你答应负责,那么你现在准备改变自己的生活方式吗?如果有必要,你准备看到社会和政府的改变吗?

我们请你想一下,这一问题在你那里的优先度如何。考察一下你每天有多少时间花在了考虑对你重要的事情上。如果把工作和睡觉的时间排除在外,你用在你的职业、名声、同事、财务、车子、未来财产、勇气以及——并非仅仅——性、欲望和食物等上面的思考时间都占了多大比例?你当然爱你的伴侣和孩子,但是你的大脑在他们身上花了多少时间,如果你是女性,有可能你优先考虑的事情的重点与此不同,你用了多得多的时间来思考亲属关系和家庭。我们可以心安理得地说,人类未来是我们考虑的一个问题,但是你自己真诚地估计一下,你自己每天用了几秒钟来思考这一问题。与你放任自己于娱乐、电视以及消费主义的愉悦和沉溺相比,你用了多少时间?

人类本性就是这样,除非这些世界级问题直接冲击到我们,否则我们不会认为这些问题威胁着我们。澳大利亚的大旱灾与人们对于气候变化的兴趣的大幅增长同时发生。卡特里娜飓风对美国的气候变化讨论产生了类似的、虽然是较小的影响。但是,这一问题进入了纽约的人们或新闻界或者德里或多伦多的公民们的内心吗?它取代了格莱美和奥斯卡在公众兴趣中的地位吗?加利福尼亚、不列颠、哥伦比亚、澳大利亚和伊比利亚的野火的增加吸引了居民的注意力,因为威胁经常出现,其增长也是看得到的。然而当威胁发生在别人身上时,即使我们参与促进了威胁的形成,威胁也很少冲击我们的思想,而不像那些可怜的人们,他们已经在遭受由于海平面上升而造成的南海某岛屿上的洪水，或者遭受因纽特人土地的融化和生存条件的丧失。

简单来说，在我们的个人需要和欲望与认识到我们个人必须做些什么来减轻威胁这两者之间，存在着利益冲突。我们像许多被告知诊断出癌症的病人那样，我们理解这种诊断却忙于否认。同样，如果死亡折磨我们的心灵，我们就拒绝承认它。诚然，某些国家通过发展替代燃料已经克服了这种否定，但即使是那些有着良好愿望的国家，也未能阻止温室气体日益增长的蔓延。

如果说利益冲突给我们大家都带来了问题，那么这种冲突对于政府中的人们来说甚至是更大的问题。这种冲突是政府的花言巧语之后紧随着紧张症的原因。政治家们不仅需要应付我们大家都经历的个人利益冲突，而且他或她还要对付重选、大多数人的消费冲动这样的职业性矛盾。重选依赖于经济增长和经济繁荣，而这是气候变化和我们的可用资源迅速消耗的根本原因。根本的政治悖论在英国首相布莱尔的观点中表现出来，2005 年 2 月，在达沃斯经济论坛上，他表述的观点的意思是，如果我们想拿出一种气候变化的解决方案，就意味着经济增长或者生活水平的大幅下降，这种解决方案是否正义并不重要，只不过不会有人同意这种方案。① 换句话说，民主本身存在着大问题。如果我们仔细回味美国总统乔治·布什和澳大利亚总理约翰·霍华德的言行，这种消极反应看起来就更为有力了。任何损害工业或者工作机会的事情都不能做。这种理解并不能得出结论说，如果不采取行动，未来的工作机会可能更少。我们在本书中将对这种状况进行分析。

---

① David Shearman, "Kyoto: One Tiny Step for Humanity," Online Opinion, March 4, 2005, at http: //www. onlineopinion. com. an/view. asp? artical = 3085.

这种政治态度也解释了对技术发展的迷信。技术发展提供了一个不必作出艰难的且不受人欢迎的决定的选择。像人类遇到的其他问题那样，气候变化问题将通过技术解决——把二氧化碳排入地下，发射带玻璃镜的宇宙飞船以反射太阳光。这种解决方案合乎发展和进步的范例，更重要的是，它宣布我们不必牺牲掉我们对资源的挥霍浪费。但这一次这一解决方案不起作用，因为存在太多互相纠葛的问题，这些问题不能对技术性补救作出积极反应。这些问题源于人口的扩大和自然资源的消费。

或许最重要的利益冲突发生在法人帝国之内，这里是我们生产社会的锅炉房。从我们的分析中你可以看到，无论法人责任的公众形象是什么样子，利润和对股票持有者的责任都要排在所有其他责任的前面。迄今为止的证据表明，这一冲突无法解决。

最终我们被关在了一种自发的市场经济之中；在市场经济之外，任何人都无法成功，而市场经济永不终止的成长的后果对于所有愿意思考的人来说，都是显见的。人类组织的这种复杂形式变得像蚂蚁窝，在蚂蚁窝中统治蚁群的最聪明个体就是所有蚂蚁的共同神经组织，在这种组织形式里，大家协力工作并侵食世界。幸运的是，存在蚂蚁的掠食者。自发的人脑就是"市场"。

在本书前几章中，我们向读者介绍了无可辩驳的环境破坏的科学证据。我们现在靠资本，也靠利息生活。气候变化并非我们施加给地球的压力的唯一症状。事实上，许多互相依赖的因素引发了多种症状，例如，肥沃土地的损失、干净水的减少以及食物和生物资源的损失。我们的分析表明，在所有这些问题中，都存在着民主运作的相同线索。然后，我们在第五章中描述了民主的原理，解释了"公地"的概念，并解释了民主未能认识到这一概念的重要性的后果。第六章和第七章证明，民主的固有缺陷导致环境危机，也在社会的许多其他方面起着作用。这些缺陷是民主运作中固有的。此外，我们开始接受柏拉图的结论，他的结论是，民主存在的固有矛盾，必然导致威权主义。

在第八章和第九章，我们主张，威权主义是人类的自然状态，或许更好的是选出我们的精英而非强他们所难。的确柏拉图在看到民主产生的后遗症后发现，更好的是让正义而聪明的人并非出于自愿地进行统治，而不是那些想要权力的人掌握权力。我们分析了从医疗加护病房到罗马天主教堂到社团主义等一系列威权结构及其运作，得出的结论是，建设运用这些现存结构的一些构造的威权政府，是应对危机的最好方式。我们也描述了为地球未来而战的新的"精英战士领导阶层"的教养和价值观。在第十章，我们提供了一些解决民主弊病的方案，我们请读者来做人类应该如何走下去的抉择。

来自大卫·希尔曼的个人想法

所有作者都会用类比来描述撰写每一本书时遭受的数百个小时的折磨，这种折磨就像拔掉一颗痛牙，因为在手术——或者书——完成之前，疼痛还将继续。作为一位医生、科学家和学者，我过着一种快乐、充实的生活。减轻病人的痛苦让我看到了个人的勇敢、坚韧和温暖，这与人类集体表现出来的自私的放任形成对比。亲情和自然界的魅力满足了我的需要，从我和病人的日常交往中，我领悟到研究告诉我们的东西——高于非常微薄的收入之后，快乐和收入就没有关系了。在被羡慕和财富积累推动的消费主义中，只有短暂的满足感，这些问题在我们的书中得到了充分的论述。因此我的想法是，我们生活在富有的民主社会，消耗的资源需要三个多地球才能满足，我们可以过一种更简单的、充实的生活，这样就能让我们的孩子们生活在一个可持续的世界里。这种糟糕局面是由几代人的自私造成的，我过去是这几代人中的一员，我需要用我的一部分时间来使这种局面复原，对于我们大家来说，对这一危机的认识需要伦理学的回应。

最后，为何这本澳大利亚人写的书要在美国出版？确实有些读者会觉得美国受到了不公正的批判。如果是这样，那么请记住，这些是必须对朋友说的批评。不要忘记，你们的宪法和你们的出版者支持言论自由，我们感谢这种言论自由。

我的医疗实践的一部分是在一个很好的医疗中心——耶鲁大学医学院进行的，我为那里对精神探险和服务的追求所感染，也为那里的生机和进取心所感染。美国代表着未来。虽然我不是美国公民，但我今天对美国的感觉是失落和悲伤。经历了半个世纪的死亡和残酷之后，美国得到了巨大的可以用来塑造一个更美好世界的权力，而柏林墙倒塌之后，塑造更美好世界完全成了一种责任。人类历史的每一步行动、每个文明都写上了因人类弱点和贪婪导致的错误、灾难和结局。历史教导我们不要期待这种情况有什么改变。我们的梦想是，这一帝国与以前的帝国有所不同。美国的领导必须成功改变一个因生态破坏和可能的核毁灭而扭曲的世界。美国未能抛开自己的利益。

在过去的六年中排放的二氧化碳无法收回来；它们还将危害世界好几十年。结果是，在那些指望美国作为领导的许多人看来，他们看到的是令人痛心的失望。提供了自由却减少了集体责任的美国民主不是一个能使得世界可持续的模范。它使人们认识到，民主制必须改革。这就是本书的动机。而美国的作用在改变中是不可缺少的。

致　谢

感谢 Praeger 出版社，尤其要感谢希拉里·克拉格特（Hilary Claggett）的耐心和指导。对于我们来说，与她一道工作是一种快乐。

襟 巻

第一章
民主失灵了吗？

> 民主就是指政府掌握在出身低贱、没有财产和从事粗俗工作的人的手中。

> ——亚里士多德

民主和现代世界

民主已成为西方文化的圣杯。对民主的鼓吹使用了简直是圣经式的语言。纳坦·夏兰斯基（Natan Sharansky）的《民主论》①

---

① Natan Sharansky, *The Power of Freedom to Overcome Tyranny and Terror* (Public Affairs, New York, 2004).

是乔治·布什总统喜欢的书，他把它分送给政治同僚们，并提醒我们"民主意味着自由和繁荣"。夏兰斯基是戈尔巴乔夫在1986年赦免的第一位政治犯，因此不难理解布什总统因夏兰斯基而产生灵感的原因。为了给在苏联的犹太人争取权利，夏兰斯基在监狱中度过了九年的时间，这足以使他认识到个人自由的价值。他是勇敢的。他对中东和平进程有着宝贵的见解，但是我们认为，他对西方民主价值的颂扬是天真的，并且他尚未达到亚历山大·索尔仁尼琴（Aleksandr Solzhenitsyn）那种富有洞察力的醒悟。在夏兰斯基对民主的辩护中，他只关注个人自由的问题。他没有超出这种个人主义者的观点去考虑人类生命和文明的延续性所受到的主要威胁。他概括了自由民主支持者的失败，来理解全球环境危机的意义。我们将呈现给读者的问题如此重要，以至于个人自由问题显得苍白，并失去了重要性。我们举出的例子是反民主制的，这表明自由和自由主义具有这样的潜力，能够把环境专制宣扬得远远超过苏联造成的任何威胁。自由民主制的未来果实可能被证明比苏联体制下的古拉格群岛更加苦涩，像古拉格群岛一样可怕。

我们在本文的开始就要明白，作者并非是企图重建苏联政体的马克思主义遗老遗少。我们承认，现存的专制社会大多是以马克思主义学说为基础的，有着骇人听闻的环境记录。我们承认，不存在没有滥用环境记录的现存专制政府的例子。我们也承认，所有现存的专制政府的环境记录比所有自由民主社会的都要差。成为一群坏的当中"最不坏的"在逻辑上并不是接受"最不坏的"选项的有力论据。作为理性的辩护，自由民主制的捍卫者不能仅仅无视长期存在的、最早由柏拉图（前427~前347）发现的民主的问题，而必须被迫去做得更好。我们认为，除了已经失败的马克思主义版本的专制政府以外，还有其他形式的专制政府。我们

探讨一种以科学专家统治为基础的柏拉图式专制，正如我们将在
本书第八章详细论述的那样，这种假设的制度并不以马克思主义原
理为基础。我们以生态学为根据批判资本主义经济体制和现存专制
体制。我们认为，即使是自称环境友好的自由民主社会也未能为人
类提供生态上具有可持续性的组织体系。我们承认，提及专制政府
会使读者感到恐惧，使他们联想到在 20 世纪趾高气扬的独裁者，但
是，我们提醒读者，他们中的许多人是在民主制度下选举出来的。

即使是民主的捍卫者也认为民主的属性是有疑问的。乔治·
蒙比奥特（George Monbiot）说过，"我们能够为之奋斗的最高理
想是努力建立一种最不坏的体制（统治方式），这是人类的命中不
幸"①。蒙比奥特发现了民主的两个积极方面。民主是唯一一种有潜
力改良自己而不需要内部暴力的体制，并且民主有潜力让公民感受
到政治的魅力。当然，民主赋予人以选择的自由；人们可以选择除
了自由主义和专制体制之外的其他政治统治体制。我们承认，民主
制度有自我纠错的优点。然而，存在一些长处和优点并不能表明，
民主体制作为一个整体是令人满意的或是从长期看来是可持续的。
我们将证明，拒绝民主和自由主义还有其他独立存在的原因和根据。

然而，自由民主及其制度已从最初的利他主义变成了强国的一
种机制，以便强国通过商业侵略来控制世界，并且有时通过发动十
字军战争来把民主送给不信仰民主的人。它像共产主义一样可能是
罪恶的。这些事件及其后果对生活在自由民主制度下的人们的冲击
被缓冲了。我们身体和思想的自由以及物质上的富足，提供了一种
舒适的生活方式，这种生活方式只有在困难时才能被放弃，但这种

① George Monbiot, *The Age of Consent: A Manifesto for a New World Order* (Flamingo, London, 2003), p. 41.

生活的替代物是什么呢？因而我们需要捍卫民主，而那些不和我们站在一起的人反对我们保持我们生活方式的努力。那些攻击民主，甚至那些批评民主的人都将被视为敌人，因为物质主义的优越性已经处于危险之中。这些物质的考虑已经篡夺了民主的理论属性的地位。

民主体制下的公民不但因消费主义的安慰而缓解了对他们的冲击，而且他们还被政府的心理机构所控制，这是一种恐惧的政治策略，这种政治策略授予政府无限权力以制定法律，而战争从来不经过民主的测试。哈罗德·品特（Harold Pinter）在其诺贝尔文学奖的获奖致辞中谈到，"一种对权力的过分客观的操纵，但却永远伪装成一种追求善的力量。它是一种精明的，甚至是机智的催眠行为"[1]。品特谈的是美国，但他的话适用于大部分的西方民主体制。谈到真相时，品特提醒说，对真相的追求永远不能停止，并且它不能延期或推迟，客观是必需的：

> 政治家们使用的政治语言不涉足任何这种领域，因为就我们现有的证据来看，大部分的政治家感兴趣的不是真相，而是权力和如何保持权力。人民保持无知状态，对真相无知，甚至不知道他们自己生活的真相，对保持那种权力是必需的。因此，我们被大量的、各种各样的、灌输给我们的谎言所包围。[2]

这个谎言的大厦被由政见和因顺从而被选中的官僚和科学家组成的外壳包裹着。这些官僚和科学家们认为公民们会接受自己

---

[1] Harold Pinter Nobel Lecture, "Art Truth and Politics," 2005, at http://nobelprize.org/literature/laureates/2005/printer-lecture-e.html.

[2] Harold Pinter Nobel Lecture, "Art Truth and Politics," 2005, at http://nobelprize.org/literature/laureates/2005/printer-lecture-e.html.

无力影响事件发展的事实，而政治家的专业形象和二手车销售商一起被他们排到了最不受关注的位置。

然而，抛开这些主观的评价，我们对民主表现的分析是诊断性的，用科学和哲学来确诊这种疾病。随后社会就会进一步去讨论治疗方法。我们会问，在处理和预防诸如战争、公平以及尤其是环境破坏等当前困扰人类的主要问题时，民主的真正表现是什么？我们当代最重要的问题是，民主体制是否能掌握并救治整个人类面临的日益涌现的生态危机？自由民主制在引发这个危机中的确切作用是什么？在过去的二三十年里，关于这场危机的科学证据不断涌现，民主在危机补救中的表现是怎样的？为推进这一任务，我们将分析几个关键的环境问题。我们分析了许多失败的案例，在所有的案例中，我们都看到，自由民主制的运作方式是失败的原因。因此，我们提出这样的质疑：在这些环境问题变得不可逆转之前，能否修改或改革民主制度以解决它们。如果不能，人类如何实行统治？我们认为，人类将不得不放弃它所愿望的生活自由，以便换取一个在其中生存具有至上重要性的体系。或许这个选择不应先征求民主制的批准，否则人类会投票选择它所希望的生活方式。

在我们的论证中，还将会再次出现另外一个重要观点，但我们现在就需要强调这一观点，以避免不必要的混淆。在一本关于民主的书中，乍一看，我们有理由期待一个民主的定义："民主是X"。民主的捍卫者在解释"X"究竟是什么时出现了问题。民主有许多种定义，现在对其进行分类会使我们偏离一般的观察。而且，我们认为，至少在民主的某些版本中，民主在概念上是不一致的。因此，民主的问题之一是，不存在人们普遍接受的民主定义，我们无法在导言性的章节中插入民主定义，而又能避免立即产生哲学问题的争论。由于我们希望展开对所有民主形式的生态学批判，并在哲学意义上拒斥民主本身，我们不会因不能向读者提供一个初步且简单的民主定义而感到不安。依我们的看法，不存在这样的令人满意的定义，因为，正如我们在第五章表述的那样，所有这些定义（例如，民有、民治、民享的政府）和民主概念相比都要更加含糊，包含的信息更少。在这里，我们请读者以自己直观的方式理解民主，我们将在第五章批评那些标准的解释。在第七章，我们将拒斥一种作为哲学立场的自由主义。

为了展开对民主的生态学批判，首先我们有必要理解人类面临的环境危机的基础。几乎所有环境问题的作家都把危机归咎于自由资本主义。我们认为，即使自由资本主义不复存在，也仍然有产生环境危机的可能，因为民主自身的核心就存在毁灭的可能性。

危机？何种危机？

这场即将发生的危机是由于人类加速破坏赖以生存的自然环境引发的。这并不是否认还有其他途径能给地球带来灾难。例如，约翰·格雷（John Gray）认为[1]，随着国家开始陷入对日趋减少的资源的争夺，破坏性战争就不可避免。事实上，格雷认为，引起战争的本能行为和我们所讨论的与环境破坏相联系的本能行为是相同的。格雷认为人口增加、环境恶化和技术滥用是战争的部分必然原因。战争可能是必然的，但它的时间和地点是不可预测的，然而，环境恶化是残酷的，并且人们日益频繁地得到更多的科学证据。人类历史上出现过灾难预言者，他们大多数都是错误的，

---

[1] John Gray, *Al Qaeda and What It Means To Be Modern* (Faber and Faber, London, 2003).

这就使人们有理由拒绝接受他们的言论。《奥维德的故事》（*Tales from Ovid*）以及《圣经》的《新约》和《旧约》中都发出过警告，最近的一些预言是托马斯·马尔萨斯（Thomas Malthus）和罗马俱乐部在 1972 年发出的，同时还有保罗·艾利希（Paul Ehrlich）的"人口爆炸"预言，但最后都没有发生。环保运动频繁发出的夸张性预言不被广泛接受，并受到了猛烈的攻击。

所以我们必须要问，当前的警告有什么不同？举一个例子，英国政府的首席科学家大卫·金（David King）爵士宣布，"在我看来，我们今天所面临的最严峻的问题是气候变化，它比恐怖主义的威胁更严重"①。这一声明和其他最近的声明与从前那些不可信的预言相比有什么区别呢？首先，它们的根据是最详尽和最有说服力的科学知识，生产这种科学知识的科学严谨性，同样也看到了人类登月，并创造了全球通信系统。其次，这种科学包含了生态学、流行病学、气候学、海洋和淡水科学、农业科学等许多学科在内的一系列学科，所有这些学科都认同问题的性质及其严重程度。再次，数千名科学家对这些问题性质的严重性实际上达成了一致意见，只剩下几个怀疑者。

在过去的十年中，包括众多诺贝尔奖获得者在内的许多杰出科学家曾经警告，人类可能只有一两代人的行动时间，来避免全球生态灾难。作为这个多维度问题中的一个例子，联合国政府间气候变化专门委员会曾警告，由化石燃料的消费而引发的全球气候变暖可能会加速。② 然而，气候变化只是一系列威胁人类的互相

---

① David A. King, "Climate Change Science: Adapt, Migrate or Ignore?" *Science*, vol. 303, no. 5655, January 9, 2004, pp. 176 – 177.

② Intergovernmental Panel on Climate Change, *Climate Change* 2007: *Fourth Assessment Report*, at http://www.ipcc.ch/.

联系的环境问题中的一个。作者曾看到,许多科学家审视所有科学文献后,他们不再被蒙蔽。他们开始主张从根本上改变社会。财务主管们和财政部大臣时常自豪地发表经济增长的言论,这使许多科学家直接感到危险,因为人类又向毁灭迈进了一步。

科学是我们这个科技的和充裕的社会的基础。我们宁愿忽略数千名科学家发出的警告,他们都是谁?在 1992 年,伦敦皇家学会和美国国家科学院发表了一个联合声明《人口增长、资源消费和一个可持续世界》(*Population Growth*, *Resource Consumption and a Sustainable World*),① 声明指出,环境变化对地球的影响将不可逆转地损害地球维持生命的能力,并且人类自身追求良好生活条件的努力也会受到环境恶化的威胁。1992 年以来,世界科学组织发表了许多声明。② 这些声明证实,大多数环境系统都在承受严重的压力,并且发达国家是主犯。我们有必要转向这样一种经济,这

---

① Joint Statement of the Royal Society of London and U. S. National Academy of Sciences, *Population Growth*, *Resource Consumption and a Sustainable World*, 1992, at http：// www. dieoff. com. page7. htm. According to this statement, "the future of our plant is in the balance. Sustainable development can be achieved but only if irreversible degradation of the environment can be halted in time."

② Joint Statement of the Royal Society of London and U. S. National Academy of Sciences, *Population Growth*, *Resource Consumption and a Sustainable World*, 1992, at http：//www. dieoff. com. page7; U. S. National Academy of Sciences, *Joint Statement by 58 of the World Scientific Academies*, at http：//dieoff. org/page75. htm; Joint Resolution of the U. S. National Academy of Sciences and Royal Society of London, *Towards Sustainable Consumption*, 1997, at http：//www. royalsoc. ac. uk/ document. asp? tip = O&ID = 1907; World Scientists' Call for Action, Union of Concerned Scientists, December 1997, at http：//go. ucsusa. org/ucs/about/ page. cfm? pageID = 1007; Inter-Academy Panel, May 2000, *Transition to Sustainability in the 21st Century*; *The Contribution of Science and Technology*, at http：//www. interacademies. net/cms/about/3143/3552. aspx; World Resources Institute, *Guide to World Resource*, *2000 – 2001: People and Ecosystems*; *The Fraying Web of Life*, April 2000, at http：//pubs. wri. org/pubs_ description. cfm? PubID = 3027.

种经济能够增加人类福利并消耗更少的能源和材料。似乎很难设想，所有这些科学家的共识会是错误的。政府、产业集团和环保团体已经组织了许多的国际会议来商讨这个问题并提出对策，然而普遍的环境恶化仍在加速。证据是什么？

《世界资源指南，2000~2001：人和生态系统，正在磨损的生命网络》① 是联合国开发计划署、联合国环境署、世界银行和世界资源研究所发布的一个联合报告。报告使用了诸如粮食生产、水资源和生物多样性等 23 项指标分析了世界农业、沿海森林、淡水和草原生态系统的状况。其中有 18 项指标在下降，只有 1 项上升了（纤维生产，这是因为森林的破坏）。报告中其余 4 项指标的数据存在矛盾或缺乏充分的数据来作出判断。

2005 年，来自 95 个国家的 1360 名科学家发表了《千年生态评估综合报告》。② 报告指出，诸如淡水、鱼类以及大气、水和气候的稳定性等维持地球上生命的生态系统服务中，大约 60% 正在退化或不能持续利用。结果就是，2000 年联合国通过的消除贫困和饥饿的千年目标不能实现，并且人类福利将会受到严重的影响。

受到重症特护的环境

我们将用我们在医学、科学、法律、哲学和社会科学中受过的训练，来分析自由民主制在这些事件中的责任和表现。导致产生今天的问题的变量很多，我们不能寄希望于简化论提供分析和

① World Resources Institute, *Guide to World Resources, 2000 - 2001*.
② Millennium Ecosystem Assessment, *Millennium Ecosystem Assessment Synthesis Report*, March 2005, at http://www. millenniumassessment. org/en/Synthesis. aspx.

解决办法。知识和理解应该是全球性和多学科的。每个人的生命都依赖于心、肺、脑、肝、肾、神经和肌肉的功能整合，以便作为一个协调的生态系统而组成人体。以这种方式看待生机勃勃的地球，把它当作一个构成我们星球的、相互依赖的系统的综合整体，是有价值的。[①] 正如我们记录并认识环境的破坏，我们也可以像评估一个病人一样，评估地球的健康与否。环境破坏的记录表明地球生病了。但更糟的是，有证据表明这个病人已经在重症特护病房里了，因为它的几个器官正在衰竭。"多器官衰竭"已经写在病人的病历上了。这种情况下的后果是无法预测的。不幸的是，生态学和医学不能告诉我们人体或生态系统是否到了无可挽回的崩溃边缘。在《自然》杂志发表的一篇文章中，[②] 对森林砍伐、濒危物种和湖泊富营养化（水中存在太多的养分而缺氧）的研究都表明，这些系统都在抵制环境的逐渐破坏，随后发生没有预警的突然崩溃。崩溃意味着一个对人类有用的生态系统的死亡。

我们能从重症特护病房里的病人那里汲取什么教训吗？病人的康复掌握在一位领导者和一个护士和科学家组成的团队手中，领导者是重症特护病房的专家医生，护士和科学家们把领导能力和专业知识、决策、速度、奉献和热情结合起来。领导者不用举行民意调查来断定什么是被允许或是受欢迎的。他或她不用在下次竞选中为维护其地位而行动，也不受社团主义和所谓的经济状况的影响。我们有一个集体的、纯粹的目的，那就是为了明确情况的紧迫性，为了在科学评估的基础上做出一个成熟的诊断，也

① James Lovelock, *Gaia: A New Look at Life on Earth* (Oxford University Press, Oxford, 1979).

② Marten Schaffer, et al., "Catastrophic Shifts in Ecosystems," *Nature*, vol. 413, October 11, 2001, pp. 591 – 596.

为了使病人在病情变得不可逆转之前恢复健康。由于病人的崩溃已经迫在眉睫，医生依据预防原则，采取行动给各个器官以全面的支持。经验表明这是应对一个人健康危机的最好方式。当病人是生机勃勃的地球时，我们会问自由民主制度和自由资本主义制度是否符合任务的要求。从重症特护这一医学比喻来看，我们也可以问，当生物圈自身受到重症特护时，决策结构是否是合适的机制。

危机真的存在吗？为了回答这个问题，我们分析了几个人类文明的持续所必需的指标。在评估这些指标的充分性和可持续性时，我们已经注意到，到2050年，全球60亿人口预计会增长到至少90亿，这一数据作为一个可能结果，是大家普遍接受的。我们选择研究淡水的供应，因为地球上降水的总量是有限的。世界上许多地区的淡水供应已经不能满足人们的基本需要了。我们研究了以鱼类资源作为食物供应方式的可持续性，虽然我们可以选择谷物或其他食品。捕鱼业可能已处于最高峰，并且许多鱼类将因过度捕捞而无法恢复了。由于认识到没有生态服务，文明就不能以它当前的方式存在，我们研究了生物多样性。大规模的物种灭绝已经并正在发生，并且这一趋势会随着气候变暖而加速。我们分析了气候变化的数据。许多科学资料出处都在证明，气候正在变暖，而且除非温室气体排放得到控制，维持我们生存的生物的未来是悲观的。

我们还研究了化石燃料的消耗，因为对它们的盲目使用是气候变化的内在原因，还因为有人预测，化石燃料在几十年后的某个时间将会耗尽，这会大大减少可供养人口的数量。这是因为石油已经成为肥料、机械化农业和运输的基础性资源，这种基础性资源支持着世界不断增长的人口。有切实的研究预测，没有石油的世界只能供养 20 亿人口。[1]

客观地说，无论评估哪个环境指标，环境恶化情况都是很严重的。恶化是快车，补救是慢车，走走停停，永远赶不上。我们会分析自由民主制在这些环境恶化案例的原因中的作用。每天人们都作出决议让慢车更多耽搁一些时间，虽然人们常常给这些决议背后的想法一个简单的理由，实际上，这些都是复杂的决议，是以价值观以及文化的、政治的和社团的影响为基础的。2004 年 12 月，欧盟做出了一个关于其成员国捕鱼配额的决议。科学资料表明北海鳕鱼类的消耗已经到了崩溃边缘，并且严重怀疑其能否恢复。人们抱着让鳕鱼恢复的希望，强烈主张设立禁区的科学建议。那些富有的、营养良好的、自由民主国家的政治代表实践了他们认为是他们的民主训令的东西，为了"当前就业"的利益而大肆削减这一建议。[2] 在自由民主制度下，每天都有无数个类似的决议无情地侵蚀着环境。

当月，英国评估了它在温室气体减排方面的工作。在世界上所有的领导人中，托尼·布莱尔（Tony Blair）认识到了温室气体排放引起的全球变暖的含义。他认识到，针对工业化世界的京都议定书，要求 2012 年温室气体排放量比 1990 年水平降低 5%，这和科学界建议的 60% ~ 80% 相比只是表面文章。英国制定了一个目标，到 2010 年，温室气体的排放量较之 1990 年减少 20%。这个目标无法实现，尽管英国由于先前关闭煤矿使得英国减少了煤

---

[1] Russell Hopefenberg and David Pimented, "Human Population Numbers as a Function of Food Supply," *Environment*, *Development and Sustainability*, vol. 3, no. 1, 2001, pp. 1 – 15.

[2] Andrew Osborn, "Fishing Grounds Escape Closure Threat," *The Guardian*, December 22, 2004, at http://www. guardian. co. uk/print/0, 5091026 – 106710. 00. html.

炭的使用，因而能达到京都议定书的目标。如果说世界最主要的减排提倡者，在拥有民主所能授予的最大议会权力的情况下，都不能产生环境成果的话，那还有什么希望让其他国家减少排放呢？布莱尔先生不能使慢车提速，但更重要的是，他的快车在加速。发动机的标牌自豪地标着"经济增长"。不可否认，失败的原因远远比这个复杂，包括人的心理因素以及对自由民主构成主要影响的否认和个人利益。我们会在第六章讨论这些内容。

"公地"：一种否认状态

我们必须理解自己的天生反应，因为它们在我们对生态危机作出的反应能力上有深刻的影响。人类天生就有会对行为产生很大影响的心理机制。理查德·道金斯（Richard Dawkins）指出，"如果你想建立一个人们为了共同利益而慷慨并无私地合作的社会，那么你别指望从人的天性上得到什么帮助"①。因此，自卫和生育的需要决定了我们对利益、地位和权力的追逐。人类不能长线思考，这和大脑拥有来自"旧石器时代遗产"的硬接线有关。② 数十万年来，我们不得不适应地方性的环境条件。我们不得不带着一种对周围有限空间和有限的几个亲人的情感承诺来进行短线思考。这就是短线思考回报的达尔文主义优势，这种优势使得亲戚和朋友的合作群体获得长寿并拥有更多的后代。结果是，我们忽视了所有还不需要验证的远期可能性。全球变暖和失

---

① Richard Dawkins, *The Selfish Gene* (Oxford University Press, Oxford and New York, 1989).

② E. O. Wilson, *The Future of Life* (Little, Brown, London, 2002).

去生态支持在人们看来只是远期的可能性。家庭无法理解超出其孙子辈的责任，并且，西方社会中越来越多没有孩子的夫妇们，往往把责任限制在其有生之年。实际上，西方社会已经日益倾向于提供短期的需要、解决方案和利润，并无视任何不以自我为中心的事物。作者之一问其医生同事们，他们认为气候变化对其孩子们未来生活有怎样的影响，得到的普遍的答复是"那是他们的问题"。

这种否认状态和当前的讨论有关。如果我们面对的某个问题超出我们当地环境，或这个问题涉及遥远的个人和种族，那么这个问题与我们自身的需要无关。这样否认的防御机制就被激活了。人们在研究否认的心理时，把它与人类权利、贫困和饥荒联系起来。[①] 否认往往和问题的严重性有关，因为个人对此几乎无能为力。比如说，一个人能够接受气候变化的科学证据，但否认自己的责任并指责他人导致了问题。提供更多的信息可能导致更多的否认，并导致对原因的敌意。饥馑濒死儿童的图片被查禁，捐赠的请求被拒绝。否认是用于描述令人不快的问题的基本语言。战争中，大屠杀变成"清洗"；随着气候变暖，太平洋岛国居民们将被汹涌潮水淹没和溺死的预期状况，被政客们和各国政府描述为"人为影响"。[②]

我们还需要讨论另一个人为因素：宗教。虽然布什总统的环境虚无主义很可能是出于否认的原因，还有一个更令人担忧的可能性，那就是他的宗教信仰可能对此负有责任。在美国政府中，

① S. Cohen, *State of Denial: Knowledge about Atrocities and Suffering* (Policy Press, Cambridge, 2001).

② David Shearman, "Time and Tide Wait for No Man," *British Medical Journal*, vol. 325, 2002, pp. 1466 – 1468.

超过 200 名共和党议员是基督教原教旨主义者，他们中的许多人所属的教派认为地球的未来无关紧要，因为地球没有未来。① 他们生活在"末世"，"末世"之后上帝之子就会回归。环境破坏应受到欢迎，甚至应当加速，因为这是天启即将到来的标志，到那时，他们就会进入天堂，而罪人将会遭受永恒的地狱之火。参议员詹姆斯·英霍夫（James Inhefo）就是这种原教旨主义者的一员，他主持着美国权力很大的参议院环境和公共事务委员会，作为布什政府的一员，他曾促成缩减了许多重要的环境控制举措，例如对清洁空气、清洁水、濒危物种、臭氧污染限制、汽车尾气排放、煤热电站和水银等许多问题的立法。对这些行为的分析再结合上总统不谨慎的声明，例如用"十字军远征"来形容其在伊斯兰国家的行动，这表明他并不是依据理性思考或科学，而是依据原教旨主义的原则来做出决定的。因此，我们对一个正在变暖的世界中的民主问题的讨论，将包括宗教的积极作用和消极作用。

1968 年出版了一篇标题为《公地悲剧》的重要科学论文，② 贾瑞特·哈丁（Garrett Hardin）论述了一些他认为没有技术性解决方案的问题。他研讨的问题的解决要求改变价值观。他假定人口问题是一个"无技术性解决方案"的问题。在他论证过程中，他引进了公地悲剧的思想。个人对自我利益的追逐会导致理性的新古典经济学行为人把一种资源利用到枯竭：因为所有的行为人都这样做，像海洋和大气层这样的公地就会退化。个人的自我利益能够导致集体的环境灾难。我们认为自由民主制作为一个社会制度是有生态缺陷的，因为它导致公地悲剧。51% 的人投赞成票就

---

① Glenn Scherer, "The Godly Must be Crazy," *The Grist Magazine*, October 2, 2004.
② Garrett Hardin, "The Tragedy of the Commons," *Science*, vol. 162, 1968, pp. 1243 – 1248.

能毁灭 49% 的人希望保护的一种资源（或只是为了保持不可持续的生活方式）。因此民主制度的核心存在着破坏生态的可能性。我们将用具体的例子来说明这一问题。我们现在讨论的是我们批判自由民主和民主本身的基本观点。①

自由民主制

自由民主制穿着长长的外套，但是我们将会看到外套下面是什么。"自由民主"已经成为广告商的一个动听口号；它像一种香水的名字或一块多汁的巧克力一样抚慰着人的心灵。或许令人感到惊讶的是，自由民主这一老名字②［这是乔治·奥威尔（George Orwell）的语言］没有被或许应当是"想象"的商标名代替，因为它让人想到自由、成功和繁荣，或者至少让穷人和受压迫者想到这些目标的前景。一旦"想象"成为"新名字"，民众就会团结得更热切，要求更多的"想象"。狡猾的广告商和编故事者是强大的西方政府的工具，西方政府通常用传教激情和经济力量来实行自由民主的信条，但有时也会秘密地或公开地使用武力。救世主式的美国是这次文化运动的领导者，规定市场至上、人权和个人所有制是不可违背的原则。这是如何发生的？

---

① 民主一词来自希腊语 demos，即"人民"。公元前 593 年，从雅典的每个部落的政区（demes）选出了一个 400 人议事会。以土地所有权为基础的贵族统治改变了，以接受贸易和商业的利益，并接受被这些活动吸引来的手艺人和工人的流入。部落结构被削弱，文明的第一种基本民主得到发展。希腊民主只是希腊历史的一个瞬间；它死亡了，正如我们相信现代民主也将死亡。对于人类来说，民主制并非一种稳定的长期状态，我们将在本书中证明这一点。

② George Orwell, *Nineteen Eighty-Four* (Penguin Books, Middlesex, England, 1954).

现代民主诞生于两个世纪前，是北美和欧洲的工业化、商业和贸易迅速发展的产物。实际上，它与资本主义共同发展，而且现在是不可分割的。至少在理论上，民主提供了行动自由，即自由主义，以便每个人不仅要满足所有的物质需要，还要积累无限的财富以及财富带来的商业力量。这种力量和影响力来源于所有民主国家对经济增长咒语的依赖，而经济增长对于提供就业和消费品以取悦和安抚人民是十分必要的。

自由主义是这样一种信念体系，它认为，个人的自由，特别是在如贸易和劳动关系等经济事务中，具有首要的重要性。自由主义者认为就像房子是由砖块构成的无生命结构一样，社会是由个人构成的。玛格丽特·撒切尔（Margaret Thatcher）的言论更为极端，她说，"不存在社会这种东西"，就是说，只存在个人。① 因此，社会不是一个类似人体的复杂系统或整体。基督教在某种意义上更早提出了这种思想，认为人类都是不分种族、不分地域（但不是不分性别）的个体，他们拥有灵魂并平等地站在进行审判的上帝面前。基督教的子宫中就带有这粒种子，孕育了新教式的美国民主。自由主义借用了这种个人主义，并代之以一个世俗版本，给个体劳动者和消费者准备了一块面对市场这个新上帝的地盘。

上升中的资本家和商人阶级慢慢地开始挑战封建秩序和罗马天主教教会势力，拥有一系列使他们新的世界秩序合法化的信条就成为必要。传统的封建教会认为人们在生活中被上帝赋予了固定的位置。教会同样反对高利贷——有利息的借贷。在睡觉的时

---

① Interview for *Women's Own*, Thatcher Archive: COI Transcript, October 31, 1987, at http: //www. margaretthatcer. org/speeches/displaydocument. asp? docid = 106689.

候挣钱是一种罪恶。这些信条限制了贸易和商业——也就是挣钱。对于正在产生中的资本家阶级来说，需要削弱这些限制性的信条。并且实际上，这些信条最终受到质疑并被一种新哲学——自由主义取代了。现在，据说个人是自由的，这是从不再受一个封建主的束缚意义上来说的。相反，他们有到市场上出卖劳动力的自由——或者饿死的自由。在这本书中，我们会揭露自由民主在合法化资本主义社会秩序中的神秘作用。我们拒斥封建制度是一个黑暗的压迫制度，而自由民主制过去是，现在也是一支光明、拯救和解放的力量的神话。相反，有很多的证据表明，自由民主——自由主义和民主的结合——是造成环境危机的核心意识形态。应该注意到，虽然从逻辑上说，自由民主原则上不同于资本主义的概念，但是它已成为一个在本质上与资本主义结合在一起的真正的政治观念，并且实际上几乎不可能把它们的影响割裂开来。

现代民主也就是政府应该服从"人民意志"（无论这是什么意思）的思想，这种思想在概念上是和自由主义的理念联系在一起的。从历史角度看，不能想象会出现这样一种个人投票居于首要地位的体系，这个体系对其信念体系的证明或者为其寻找根据所依靠的不是这样一种哲学，这个哲学把个人而不是社会作为具有最大价值的一种"有机整体"。① 因此，自由主义为民主（和资本主义）提供哲学上的证明，正如基督教曾利用神权的理论为国王和女王的统治提供宗教证明。这个神权的世俗版本已经变成市场

---

① 今天当然有像新加坡那样的非自由民主制，这种民主制没有那种以个人主义为基础的自由社会，但仍然有民主选举。这种社会拥有的民主制是通过英国殖民主义人为嫁接到威权社会上的。只是因为自由民主制在先前历史上的出现，非自由民主制才是可能的。

力量，现在，在许多方面，它对我们生活的统治的压迫性和全面性，较之前现代世界的任何国王或独裁者都要更大。

与我们的分析相关，进化而来的因而也就是遗传得到的机制，是我们的灵长类祖先赋予我们的对威权社会结构的需要和接受。甚至在自由民主国家中也能看到这样的力量在发挥作用，在自由民主国家中，领导人和民主制度自身逐渐演变，变得更具威权性。在市场经济中表现出来的自由和个性导致的结果是，精英们扩大了贫富差距，并以自由民主为幌子，在发展中国家通过收购而致富。斯蒂芬·博伊登（Stephen Boyden）[1] 描述的社会适应不良变得更普遍，例如，有一种经济学观点认为，零售消费有利于社会，也有利于富人积累大量的、在其有生之年不可能用完或者花费完的财产。世界上亿万富翁的数量增长很快，并且大多数在自由民主国家。我们在下面的讨论中将会发现，许多自由民主国家正明显地走向威权主义。政府视此为保护他们权力的选择，政府的许多富人支持者选择威权主义以保护其财产。

我们将会在第六章论证，自由民主制天生是不稳定的，并在缓慢却稳定地走向威权主义。那些视自由民主制为人类最后政治体制的理论家们，采取了过于狭隘的历史视角，这种视角可以通过采纳一种生物历史学的或社会生物学的人类观来纠正。我们不应该忽视这种可能性，在世界危机管理上，一个威权的精英统治比当前的民主制平庸统治更有效。自由民主制下我们在重症特护病房里的病人不能得到成功的护理。我们承认，与自由民主国家相比，极权国家引发的环境破坏如果不是更多的话，那就是同样

---

[1] Stephen Boyden, *The Biology of Civilization*: *Understanding Human Culture as a Force in Nature* (University of News South Wales Press Ltd, Sydney, 2004).

多，然而我们会在第四章论证，历史上的一些极权政权曾通过强制避免了一些灾难性的环境破坏。

我们将会记录下致使环境危机难以解决的个人的和民主的失误。一个利他主义的、有能力的、威权的领导者，如果精通科学和个人技能熟练，可能有能力克服这些。但是，自由民主制为选举预先安排好熟练的政治操刀手，然后用经济镣铐的负担和强大的、无法忽视的自利企业拖累他们。他们促进那种保护他们的权力和政府权力的经济增长。向我们民主选出的领导者提出这样的问题是有意义的：你认为这种自由主义化的经济增长的终点是什么？你确定无止境地维持这种增长是不可持续的吗？然而，对于现存经济体系来说，要想继续存在并满足人类已被认识到的物质需求，这种增长是必需的。我们的领导者不能为这样的问题提供答案。对有些领导者来说，有一些问题超出了他们的任期，他们不必要解决。对于另一些领导者来说，他们则期待着科技会俘获导致气候变化的二氧化碳，用水来制造氢燃料，以及用转基因食品供养百万人口。但总体来说，民主社会不会去解决这种问题，也不会鼓励问题的解决。

民主和权力掮客

人们能够看到，一种类似生物生态系统的同业公会牢牢地控制着社会。像土地、森林或珊瑚礁那样，它的力量在于所有生物体和组成部分的互相支持和互相依赖。权力和利润的大网包括市场、银行和金融制度，（国内和国际的）监管机构、自由民主制、新闻出版机构、媒体和广告业，以及军工企业集团。政府主张的自由民主只不过是顺从于这个体系的手臂而已。他们用他们的大学提供廉价人力。他们通过奴役保持权力。我们在第六章和第十章将表明，企业位于食物链的最顶端。它们仅仅为了利润而经营，法律保护它们逃避其他的责任。它们的领导者过着双重生活，在家里是维护家庭和原则，但为了利益而掠夺世界，他们是今天的征服者。首席执行官像西班牙贵族那样，成为社会的支柱。他们抢劫的不再是黄金，而是黑金（石油）、种植园和水产业。它们不会承认自己是邪恶的生态，但对于世界环境的未来来说，历史会那样评价它们。正如克莱夫·汉密尔顿（Clive Hamilton）在《自由主义的失望和内在自由的追求》① 中写道，我们困难的来源不是在于民主本身，而在于为社团主义和市场工作的说客的破坏。真正的罪犯不是自由民主，而是自由资本主义。乔治·蒙比奥特回应了这些思想：

> 极权资本主义禁止了对气候变化有意义的行动。当我使用极权资本主义这个词时，并不意味着挑战它的人会被捆起来并被送到西伯利亚去开采石头。我指它侵入我们生活的每一个角落，控制每一种社会关系，成为能看到每个问题的透镜。在整个这种系统中，土壤和空气中的分子没有一个不被计价或出售。②

的确，汉密尔顿和蒙比奥特都没能理解这个邪恶生态系统的力量和复杂性，民主制已经堕入其中。民主制只是引起环境恶化

---

① Clive Hamilton, *The Disappointment of Liberalism and the Quest for Inner Freedom* (Australia Institute Discussion Paper Number 70, Canberra, 2004).

② George Monbiot, "Awareness is Not Enough," *Guardian Weekly*, July 22–28, 2005.

的不可抗拒力量中的一个齿轮。自由资本主义和民主制已经熔合在一起。自由资本主义这种逆转录酶病毒已经成为民主制基因物质的一部分，正在指导着企业。这不是一个能够不解除这种关系就能纠正的缺陷。我们将举例说明，民主制的自由和腐败加剧了这些已存在和即将发生的巨大的环境问题，并且这个统治体系是不太可能解决这些问题的。因此，我们同意左翼环保作家的著名批评，这种批评认为，环境问题的首要原因是一个生态上不可持续的经济体系——即资本主义——的存在。然而，我们比这些批评走得更远，我们认为自由民主制和一般而言的民主制造成了环境危机，尤其是阻碍着危机的解决。由于我们详细叙述的各种原因，民主制度不适合应对危机管理状况。如果你需要做一个大的心脏外科手术，你不会希望手术是由一个民主选出的外科医生团队协调完成的。至于自由资本主义，在第十章我们将会得出和约翰·珀金斯（John Perkins）在《一个被经济伤害者的忏悔》①中相同的结论。珀金斯为秘密的美国国家安全局工作。他说，"我们建立了一个全球帝国。我们是男人和女人组成的精英团队，我们利用国际金融组织制造形势，使其他国家屈从于那推动着我们最大的企业、我们的政府和我们的银行运转的'法人统治'。这种屈从是金融上的，而政府则是美国的"②。我们将论证，自由资本主义是一种正在为建立企业精英统治的威权统治而行动的力量。虽然与自由民主制纠缠不清，但自由资本主义的终极目标是与自由民主制相反的，并会采取长期行动破坏它。

---

① John Perkins, *Confessions of an Economic Hit Man* (Berrett-Koehler Publishers Ltd, San Francisco, 2004).

② John Perkins, *Confessions of an Economic Hit Man* (Berrett-Koehler Publishers Ltd, San Francisco, 2004), p. xvii.

我们预言，民主制会和共产主义一样，将会仅仅是人类历史中的一个瞬间。民主制向威权统治的转变，很可能是由于不能提供环境危机的解决方案而促成的。我们可以猜想威权主义的首选形式，并会在第九章《柏拉图的复仇》中明确其基本要素。我们可以期待重症特护模式，但我们不太可能那么幸运。然而，至关重要的是，要考察对于维持一个无增长经济体中的文明所必要的社会凝聚力形式，因为这是我们为生存而必须得到的东西。一种取代市场和消费主义的新宗教或者也许是灵性，将必然热情地接纳地球及其所有神圣生命。

如果问自由民主制将会把我们带向何处，这不是一个受欢迎的问题，因为民主赋予的自由主义是我们文化的关键。因此，仅仅问这个问题会导致一种反问：我们还能转向其他什么统治和经济制度呢？我们要回到洞穴生活吗？我们要回到低效率的社会主义、邪恶的共产主义还是残忍的法西斯主义？但是必须问这样的问题，因为我们现在的文化促成把我们引向环境变化，而这种环境变化很可能在这个世纪毁灭我们的文明。那些像乔纳森·波利特（Jonathon Porritt）这样的人主张，尽管资本主义把人类带到这种危险境地，却仍然能提供解决方案。[①] 我们不赞成这种观点，并将解释我们的理由。

当我们回顾那些关于气候变化加速的令人震惊的数据时，我们有义务提醒读者，人类需要做出的反应的规模极其巨大。对于古埃及，它相当于建设一个金字塔，即使在今天看来，这项任务也是人力所不能完成的。对于今天的文明来说，我们需要考虑的技术解决方案，像曼哈顿工程和美国航天局的航天事业一样庞大，

---

① Jonathon Porritt, *Capitalism As If the World Matters* (Earthscan, London, 2006).

这一方案不仅是在美国，而是要在所有发达国家实行，这一方案的陈述应当给人以马歇尔计划的形象，并像马歇尔计划一样被人接受。但更重要的是，要以马歇尔的才能和拿破仑的权威性才华，把生活方式变革一种新范式传达给民众，拿破仑用一个通宵修订了法国混乱的法律体系并在早晨施行。今天，值得怀疑的是，我们是否能够一点点地、一次次的竞选地、十年十年地等待民主改革。我们的任务就是在这本书中提供证明。

第二章
时不我待

气候危机的真相是一个让我们不舒服的真相，它意味着我们要改变我们的生活方式。

——艾伯特·戈尔，美国第 45 届副总统

一个正在变暖的星球

气候变化正在给地球生命系统带来缓慢的，有时是潜在的破坏。有人在街上游行要求采取行动以减少温室气体的排放，但如果实施像提高燃料税这种控制排放的严格措施，毫无疑问也会有人游行抗议这种措施的后果的。人类的视野是有限的。人们不为渡渡鸟的灭绝而伤心，因为它没有在我们的有生之年中存在。有

人预言世界上会有1/4的物种在21世纪灭亡，人们很少关注这个预言。大部分物种在我们的有生之年仍会存在。矛盾比比皆是，因为，北方地区的春天来得早一些，对某些人来说生活就更合理一些。而有罪的人是因纽特人和南方海岛居民，因纽特人因为他们脚下的冰雪融化而生活无着落，而南方海岛居民的家园被淹没。他们没有权力和办法在伦敦或纽约游行，来扰乱一个早春的平静和喜悦。因此对于民选政府来说，表现出控制正在出现的危机的领导才能和决心，是最大的考验。目前他们是失败的。

我们现在要描述的是，如果不尽快控制温室气体的排放，危险就会来到人类面前，考虑到制造污染的民主国家的惰性，我们将讨论人类从化石燃料转向替代能源的必要性。迄今为止，15年来积累的科学数据表明，全球变暖产生的影响，不仅科学家可以看到，而且民众也能够发现。为了稳定本世纪的气候，需要减少温室气体排放量的60%~80%。京都议定书的签字国承诺到2012年，温室气体的排放量较1990年水平降低5%，但是大部分的国家都没能达到这种微不足道的降低。少数国家达到了目标，但数据刚擦边。因此，根据过去15年间的表现，在地球的变化导致文明的混乱之前，阻止全球变暖的希望很小。在人类有决心、有领导，并且根本改变价值观、经济和生活方式的情况下，这种状况有可能得到挽救，但是，世界上最强大和最具创新性国家的领导人的道德败坏困扰着人类。美国拥有世界5%的人口，对世界温室气体排放量的1/4负有责任。乔治·布什的总统职位是环境和世界各国人民的不幸，他妨害了解决该问题的国际协作。

二氧化碳、甲烷和水蒸气是大气中主要的温室气体，它们的天然温室效应使地球表面的平均温度保持在14℃（57.2℉）。到达地球表面的阳光会转换成热量，然后作为红外辐射反射回太空。

温室气体吸收了一些红外辐射，形成围绕着地球的暖热空气盖被。如果没有这些气体，地球表面的温度会是 −19℃（−2.2 ℉）。[1] 所以，温室效应是维持地球生命所必需的一个自然现象。

人为产生的二氧化碳、甲烷、一氧化二氮和卤代化合物加剧了温室效应，这是一个共识。煤炭、石油和天然气的燃烧和森林采伐产生的二氧化碳，对温室效应加剧的"贡献"最大。从前工业化时代开始，大气中二氧化碳的浓度已经上升了大约30%，并且每年上升0.4%。[2] 结果，地球的平均温度上升了0.7℃（1.26 ℉），这似乎不是很大，但是它意味着比14℃的平均温度上升了5%。

通过对冰川冰芯的检测，人们确定了过去4万年间大气中的二氧化碳浓度。从全新世（当前的间冰期）到工业革命初，二氧化碳的浓度稳定在280ppm，但从那时起开始稳步增长，现在已经超过370ppm（在全新世初附近可能暂时增长过，但不超过330ppm）。最近几十年，直接大气采样补充了冰芯数据。以不同的社会经济背景、技术背景和气候学背景为基础的模型预告说，到2100年二氧化碳的浓度会超过490ppm，甚至高达1260ppm。即使仅仅把二氧化碳的浓度稳定在450ppm，仍要求在几十年内将全球人为产生的二氧化碳排放量降低到1990年的水平之下，并且之后要继续稳步下降。模型表明，如果人类用一百年的时间来把二氧化碳的排放量减少到1990年的水平的话，那么二氧化碳浓度会达到650ppm。[3] 到2100年，地球总体温度可能上升1.4℃~5.8℃

[1] J. T. Houghton, et al. (eds.), *Climate Change 2001: The Scientific Basis* (Cambridge University Press, Cambridge, 2001), p. 90, available at http://www.ipcc, ch.

[2] J. T. Houghton, et al. (eds.), *Climate Change 2001: The Scientific Basis* (Cambridge University Press, Cambridge, 2001), p. 92, available at http://www.ipcc, ch.

[3] International Society of Doctors for the Environment (ISDE), Position Paper on Climate Change and Human Health, 2002, at http://www.ipcc, ch.

（2.52 ℉ ~ 10.44 ℉），而政府间气候变化专门委员会第四次报告认为，除非社会为明显减少温室气体排放量而进行彻底改组，否则温度会上升 4℃（7.2 ℉）。这种温度上升速度较之过去 4 万年中的任何时期都要大得多。

科学数据表明，历史上最大规模和最严谨的科学合作可能加剧了人类中心主义的全球变暖。来自一百多个国家的数百名科学家参与了联合国政府间气候变化专门委员会报告的制定。世界各地许多研究中心的研究补充了这项工作。我们将概括重要的数据，以便为论证提供根据，但是，想得到进一步资料的，我们请读者查阅联合国政府间气候变化专门委员会的报告，那份报告为一般读者提供了概要。[1]

在 20 世纪，全球平均温度上升了 0.7℃（1.26 ℉），这已经影响了地球上许多的生物系统（见本书第四章）和物理系统。例如，观测表明，北半球中高纬度地区的湖泊和河流的年冰层覆盖时间在 20 世纪减少了两周。卫星监测，北半球春季和夏季的海冰量比平均水平下降了 20%，并且下降还在加速。[2] 卫星数据还表明，20 世纪 60 年代以来冰雪覆盖减少了 10%，而山区冰川普遍后退现象也在全球有着明确的记录。从 1950 年开始，观测表明，极低温出现的频率降低，而极高温出现的频率提高。[3]

全球海平面在 20 世纪上升了 0.1 ~ 0.2 米，而北半球大多数中高纬度地区的降雨量很可能会以每十年 0.5% ~ 1% 的速度增加。

---

[1] Intergovernmental Panel on Climate Change, "Climate Change 2007. Fourth Assessment Report," 2007, at http：//www. ipcc. ch.

[2] B. McKibben, "The Coming Meltdown," *The New York Review of Book*, vol. 53, no. 1, January 12, 2006, at http：//www. nybooks. com/articles/18616.

[3] International Society of Doctors for the Environment, Position Paper on Climate Change and Human Health, Policy and Actions, 2002, at www. dea. org. au.

人们注意到，最近几十年干旱的频率和强度都在增加。厄尔尼诺——南方涛动现象影响了大部分热带、亚热带地区和一些中纬度地区的降雨量与温度的地区差异，这表明，20 世纪 70 年代中期以后，和此前的一百年相比，高温天气（厄尔尼诺）发生的频率在增长。计算机模型表示，这可能是人类行为的后果。

全球气候变暖的科学依据也会被人们曲解，认识到这一点很重要。少数气候变化科学家对科学数据的理解不同于大多数人。我们在其他地方已经回应了这些怀疑者的观点。[1] 然而在有些情况下，有人故意曲解，是为了通过呼吁进行更多科学研究来拖延人们的行动。传统的科学方法试图研究假设或问题时，采用的是可以得出重复性结果的实验。相反，研究全球变暖的科学主要依靠运用模型进行计算机预测，随着理论以及现实和历史数据的延展而验证和改进模型。[2] 因此，预测和结论必须用统计概率来表示。联合国政府间气候变化专门委员会使用"几乎肯定"来表示真实性的几率大于 99%，当几率为 90%～99% 的时使用"很可能"。尽管在做出经济预测和政治决策时，政府常规应对的事务都带有相当大的不确定性，但仍然要充分认识到，不确定性在自然科学许多领域都是固有的。对气候变化的预测，尤其是当发展到整合人类社会的各种复杂的相互作用和反馈时，就是这种不确定性的例子。政府应把预防原则作为政策决策的基础，但是恰恰相反，它们用不确定性作为搪塞或不作为的理由。结果是，人类继续走

---

[1] Chapter 4 in J. Smith and D. Shearman, *Climate Change Litigation: Analysing the Law, Scientific Evidence and Impacts on the Environment, Health and Property* (Presidian Legal Publications, Adelaide, Australia, 2006).

[2] Alan J. Thorpe, "Climate Change Prediction: A Challenging Scientific Problem," Institute of Physics, London, 2005, at http://www.iop.org/activity/policy/Publications/file_4147.pdf.

在不确定性和危险性越来越大的道路上，最坏的结果可能危及文明的可持续性。

有人预测，上面描述的自然变化会在 21 世纪加剧。有人预言，由于海水受热膨胀以及雪、冰盖和冰川的融化，升高的温度会使海平面大约上升半米，有人估计最高可达 0.9 米。有人预测世界许多地区的降雨强度会更大，也有人预测，其他的极端气候事件将增加，如暴风雨和干旱等。有些气候模型预测了季风气候的变化，包括印度和东南亚的大部分地区干旱的增加。这将对粮食安全产生不利影响，导致核武器武装的南亚次大陆的紧张局势加剧，并产生更多的生态难民。

罗斯·格尔布斯潘（Ross Gelbspan）在《沸点》[①] 中指出，在美国，由于仅仅把全球变暖描述为一个环境问题，因而抑制了对这个问题的承认。实际上，这个问题影响整个社会结构，包括陆地和海洋提供食物的能力、淡水、就业、安全、人权和正义、公共卫生，以及人类未来的幸福。保险业认识到，财务损失的年度增加是由于预计到台风和飓风的增多。海岛小国认识到海面上升意味着它们的土地被淹没，并为即将到来的经济损失寻求法律补偿。穷人认识到他们受到气候变化的伤害最严重，尤其是那些处在最贫困的大洲——非洲——的人，非洲已经出现了水资源短缺和生态破坏。[②]

"因热生病"：健康和全球变暖

在众多的预测中，我们将仅仅考虑其中之一，那就是对人类

---

① Ross Gelbspan, *Boiling Point* (Basic Books, New York, 2004).
② "Climate Change Will Hit Africa Hardest," *Guardian Uulimited*, February 2, 2005.

健康的影响，因为这说明了环境和人类健康受损之间的复杂关系。公共卫生专家承认，每年因全球气候变暖引起的中暑、沙门氏菌和其他食品污染，以及庄稼收获减少造成的营养不良等共致使 15 万人丧生。[①]

与气候变化有关的导致健康不良的途径，很可能要增加，既有相对直接的（例如，热应激和风暴造成伤害），也有涉及生态系统紊乱的复杂机制的。我们在第四章的解释是，生态系统提供人类生存所必需的服务。许多生态系统已经承受了许多因素的压力，这些因素包括，污染、由于人口增长和经济活动导致的土地用途改变、生物入侵，以及生物多样性改变引起的适应力丧失。例如，气候变化可能加速正在发生的土壤退化，而这是改变土壤的微生物生态系统进行过度种植的结果。这将进一步减少用来供养日益增多的人口的作物产量。一些生态系统会难以适应，并会经受重大或不可逆转的破坏。这些生态系统包括珊瑚礁和珊瑚岛、红树林、寒带森林和热带森林、湿地和天然草原。所有这些变化的最终结果是，由于营养、经济活动和可居住地的减少以及传染病的增加，人类健康可能受到损害。很多这种预想的情景都会影响人类健康。例如，珊瑚礁和红树林的破坏和减少会破坏鱼类的重要栖息地。许多贫穷的沿海居民和海岛居民依靠捕鱼获得大部分的食用蛋白质，因此，鱼的减少使他们容易营养不良。热带雨林的减少使得大多数在发展中国家里的人口容易受到水土流失和洪水的侵袭。与气候变化有关的湿地减少和对天然牧场的破坏，也会改变农业和水产业必需的生态系统。

---

① D. Campbell-Lendrum, et al., "How Much Disease could Climate Change Cause?" in A. J. McMichael, et al. (eds.), *Climate Change and Health: Risks and Responses* (World Health Organization, Geneva, 2003), pp. 133 – 158.

不论是虫媒传播的，还是通过被微生物污染的食物和水传播的传染病，许多都对气候条件的变化很敏感，有人已经作出预测，这些传染病暴发的频率和区域季节效应都在上升（虫媒是可传播疾病的有机体）。随着全球温度的上升，许多虫媒及其传播的疾病将会扩大它们的地理范围。最近的模型研究表明，由蚊子传播并侵扰了全球 40%～50% 的人口的疟疾和登革热，很可能会增加，尤其是很可能在发展中世界的人口中增加，这些人因为贫穷和未能受到良好的公共卫生资源的保护而容易感染。

由于各个共同体对日益减少的淡水供应和可耕地的争夺，全球温度的巨大变化、极端天气事件和降水分布的不断变化，将会加剧冲突、战争，并使人们背井离乡，成为环境难民。人们预想中的全球温度的上升意味着热浪频率的增加，热浪频率增加对健康的影响可能会因城市空气污染和湿度增加而加重，这将导致与热天气有关的死亡和疾病，对那些不适应热浪、上了年纪、已经生病或者因贫困而身体虚弱的人尤其如此。

已经增多的洪水、风暴和干旱等与天气有关的灾害，在第三世界尤其可能增加。低劣的住房条件和基础设施，组织和救灾能力的不足，疟疾、腹泻和呼吸道感染的流行，这些都很可能增加发病率和死亡率，在一些情况下会随之发生饥荒和营养不良。然而，发达国家也将经受风暴造成的更多伤害。摧毁新奥尔良市的卡特里娜飓风夺取了 1000 人的生命，并留下了大约花费 235 亿美元的善后议案。① 根据美国国家海洋与大气管理局所说，2005 年是

---

① S. Connor, "Scientists Warm to Hurricane Theory," *The Independent Weekly*, December 11–17, 2005, p. 10.

有纪录以来风暴最多的一年。这一年有 26 个有名字的风暴，其中
13 个被认为是飓风级的，有 7 个强大到足以被评为大飓风级。[1] 是
否能用全球变暖来解释飓风的增多，气象学家们对这个问题仍有
分歧。[2]

后天？

到目前为止，我们已经讨论了预测确定性高的事件。然而，
科学研究发现，存在导致地球环境突然发生不可逆转变化的机制。
这些事件被称为阈值事件，在阈值事件中，温度再上升很小幅度
也会引发地球控制机制的重大变化。美国国家科学院支持这一概
念，并且认为会发生突然的气候变化。[3] 下面是可能机制的几个例
子。墨西哥湾暖流在北大西洋中向北流动，温暖了北欧，并使深
处较冷的海水向南流动。英国国家海洋学中心的研究表明，1957
年以来，回流的洋流可能减慢了 30%。[4] 与气候相关的冰山融化产
生的淡水加强了向南的洋流，向北的洋流因而变弱了。反映世界末
日的灾难片《后天》中描绘了这种事件。如果墨西哥湾暖流反方向

① S. Connor, "Scientists Warm to Hurricane Theory," *The Independent Weekly*,
   December 11 – 17, 2005, p. 10.

② K. Emanuel, "Increasing Destructiveness of Tropical Cyclones over the Past Years,"
   Nature, vol. 436, August 4, 2005, pp. 686 – 688; R. A. Pielke, "Meteorology: Are
   There Trends in Hurricane Destruction?" *Nature*, vol. 438, 2005, p. E11; C. W.
   Landsea, "Hurricanes and Global Warming," *Nature*, vol. 438, 2005, p. E11.

③ Committee on Abrupt Climate Change, National Research Council, *Abrupt Climate
   Change: Inevitable Surprises* (National Academies Press, Washington DC, 2002).

④ H. L. Bryden, et al., "Slowing of the Atlantic Meridional Overturning Circulation at
   25 N," *Nature*, vol. 438, 2005, pp. 655 – 657.

流动,尽管世界正在变暖,但欧洲的气候会像哈德逊海湾一样。

冻土层、土壤和海洋中有许多天然的温室气体储存("积淀")。随着温度的上升,这些积淀会释放其气体,导致全球变暖急剧加速。西伯利亚冻土带的永久性冻土正在迅速融化,并正在释放以冻结形式储存的温室气体甲烷。[①] 每年海洋吸收的二氧化碳比它排放的多 20 亿吨以上,这大约是人类产生的二氧化碳的 1/3。将来,随着海洋水体温度的上升,这种积淀可能受到损害,并可能出现进入大气的二氧化碳净释放。然而在目前,南极海域由于吸收了大气中的二氧化碳而导致酸性提高。这种酸度的海水会影响到小甲壳类动物的碳酸性外壳的生长,生物链中重要的一环可能会失去。[②] 世界上的森林是一种重要的碳积淀,但随着温度的上升,树木生病了,变成二氧化碳的净产出者,而不是储存者。英国科学家发现另一种反馈机制,通过这种反馈机制,温度的上升增加了土壤中微生物的活动,碳释放量超过了预期,这种碳释放量足以抵消英国试图削减的温室气体排放量。[③]

全球变暖还通过其他机制得以加速。北极的冰川正在迅速融化,2005 年夏季比通常年份减少了 20%。科罗拉多国家冰雪数据中心的马克·塞雷泽(Mark Serreze)博士认为,将很快达到海冰不能恢复的阈值。一种加速冰川融化的反馈过程可能会被启动起来,因为吸收太阳能量的蓝色海水会增多,而向太空反射阳光的白色冰块会减少。[④]

---

① F. Pearce, "Dark Future Looms for Arctic Tundra," *New Scientist*, January 21, 2006, p. 15.

② C. Sabine, et al., "The Oceanic Sink for Anthropogenic CO_2," *Science*, vol, 305, 2004, pp. 367 – 371.

③ "Greenhouse Emissions Break Kyoto Vows," *New Scientist*, October 8, 2005, p. 7.

④ McKibben, "The Coming Meltdown," *The New York Review of Book*, vol. 53, no. 1, January 12, 2006, at http://www.nybooks.com/articles/18616.

全球海平面上升的主要威胁来自格陵兰岛和南极的冰川。格陵兰岛冰川现在的融化速度几乎是过去五年中观察到的两倍。[1] 最近二十年中，格陵兰岛的平均温度上升了 3℃（5.4 °F），1996～2006 年间，每年格陵兰岛冰盖损失的水量从 90 立方千米（21.6 立方英里）上升到 220 立方千米（52.8 立方英里）。格陵兰岛的冰盖覆盖了 170 万平方千米（66 万平方英里）的土地，冰层厚达 3 千米（1.86 英里），如果全部融化会使全球海平面大约上升 7 米（7.65 码）。

我们正在进入全球变暖的加速阶段，这是得到数据支持的，1860 年以来出现了 10 个高温年，1990 年以来已经出现了 9 个，从 1981 算起则有 19 个，并且，美国政府的国家海洋与大气管理局的数据表明，每年大气中二氧化碳浓度的提高都在加速。这些测量数据足以让科学家越来越担心对碳积淀的损害和上面提到的其他机制可能都在发挥作用。

詹姆斯·拉夫洛克（James Lovelock）是一位科学家，因其在生物反馈系统的开创性研究而享誉国际。他引入了盖亚的概念，认为生机勃勃的地球表现得就像一个有机体，它通过反馈机制来维持温度和气候的长期稳定性。2006 年，他在《盖亚的复仇》中认为，人类活动导致的几个反馈系统同时出现故障的状况会放大全球变暖的影响，而现在已经来不及阻止这种灾难性的变暖了。[2] 地球变暗是这种机制之一，因为全球工业排放到大气中的浮尘为地球挡住了部分的太阳辐射。随着工业的严重衰退，可以预见到地球温度的突然飙升。各种各样的事件会促成经济的衰退，例如

---

[1]　E. Rignot and P. Kanagaratnam, "Changes in the Velocity Structure of the Greenland Ice Sheet," *Science*, vol. 311, February 17, 2006, pp. 986–990.

[2]　James Lovelock, *The Revenge of Gaia* (Allen Lane, London, 2006).

在本章后面会讨论的可能的石油短缺。

气候变化是不是被大部分国家的政府认可的严重问题？我们是不是正在走向拉夫洛克预言的那种灾难性变化？尽管人们会继续就这些问题进行争论，却很少有行动阻止气候变化。为什么呢？正如在第一章讨论过的，有很多像否认这样的心理因素阻挠了个人对可能的灾难性事件作出反应。然而，这些反应并不能解释世界各国领导人的行动。贝德尔（Beder）的研究①表明，在 1997 年的京都会议之前，由 20 个化石燃料组织组成的一个美国财团发起了一场反对该条约的运动，理由是这会导致工作机会的丢失并会使能源价格上涨。此后，公司利用接待组织、公共关系公司和保守的智囊团质疑全球气候变暖的科学性和影响。这些组织的名称具有奥威尔式的讽刺意味，"可信科学进步联合会"，"交通工具选择联合会"，"全球气候信息工程"，"绿色地球协会"。后者声称，"为保证我们经济的活力而使用化石燃料，就像呼吸一样自然"②。参议员詹姆斯·英霍夫是一名保守的共和党党员，他称人为引起的全球变暖是"一个恶作剧"。由于支持接受埃克森美孚资助的安纳波利斯科学公共政策中心的"理性的、以科学为基础的思想和决策"，英霍夫得到了一个环境奖。英霍夫是参议院环境和公共事务委员会的成员。③

在科学上有共识，同样也有不同意见。我们能够预期到，那种作为依据现有数据的有效计算机预测的科学结论，是允许有不

---

① S. D. Beder, "Corporate Highjacking of the Greenhouse Debate," *The Ecologist*, vol. 29, 1999, pp. 119 - 122.

② S. D. Beder, "Corporate Highjacking of the Greenhouse Debate," *The Ecologist*, vol. 29, 1999, pp. 119 - 122.

③ "James Inhofe: Conservative GOP Senator Again Blasts Environmentlist Fearmongers," *Human Events Online*, January 5, 2005, at http: //www. humaneverts. com/.

同的解读的。事实上，对气候变化结论的详细的学术批判已经出版了。[1] 但是，在多学科的众多科学家的证据面前，怀疑者正在减少，并且他们的任务难以完成，因为在工业企图使得京都议定书偏离其目标的战役中，这些怀疑者中的许多人——但并非全部——得到了很好的薪酬，以便他们周游世界，在媒体上不断使用他们的作品，从而在关于气候变化的科学中制造混乱。由于媒体有时要尽量以平衡为基础进行运作，即使与 1000 名科学家的意见相反的只有一个人，他们也会使用这个人的意见。这就常常使怀疑者向公众展示的机会比其观点应得的机会多。1997 年，美国传统基金会等企业智囊团出版了《京都之路：全球气候协定如何造成经济萎靡并危害美国安全》。[2] 基金会预言，京都协定会使每个家庭每年减少 3 万美元的收入。竞争企业研究所认为，"全球气候变化最大的可能是创造一个更湿润、更环保、更繁荣的世界"[3]。

这就是乔治·布什总统在 2001 年初成功就职的背景。他是一个把石油人安插到其内阁的石油人，并且从这些人的政治捐款中受惠巨大。用已故的英国前外长罗宾·库克（Robin Cook）的话来说，"从来没有一个手上沾了这么多的得克萨斯石油的总统任期。

① Christopher Essex and Ross McKitrick, *Taken by Storm. The Troubled Science, Policy and Politics of Global Warming* (Key Porter Books Limited, Toronto, 2002).

② Angela Antonelli, Brett D. Schaefer, and Ales Annett, *The Road to Kyoto: How Global Climate Treaty Fosters Economic Improverishment and Endangers US Security*, The Heritage Foundation, October 6, 1997, at www. heritage. org/Research/PoliticalPhilosophy/BG1143. cfm.

③ Angela Antonelli, Brett D. Schaefer, and Ales Annett, *The Road to Kyoto: How Global Climate Treaty Fosters Economic Improverishment and Endangers US Security*, The Heritage Foundation, October 6, 1997, at www. heritage. org/Research/PoliticalPhilosophy/BG1143. cfm.

七海之上游着一艘名为康多莉扎·赖斯（Condoleezza Rice）的超级油轮"[1]。赖斯女士在 2001 年被任命为国家安全顾问后，这艘雪佛龙油轮的名字就变成了"牛郎星航海者"。

毫不奇怪，总统的首要政策是增加国外供应商输往美国市场的石油。[2] 布什总统建立了以副总统迪克·切尼（Dick Cheney）主持的国家能源政策发展小组（NEPDG），他是哈里伯顿[3]石油公司的前主席和前首席执行官。但甚至在报告之前，布什总统就质疑气候变暖的科学证据，并说京都条约是不公平的且对于美国经济影响太大。2001 年，他回应了一份来自埃克森美孚的备忘录，这份备忘录要求更换联合国政府间气候变化专门委员会（IPCC）主席罗伯特·沃森（Robert Watson），因为沃森认为必须减少温室气体的排放量。沃森被替换了。国家能源政策发展小组没有提出任何减少石油消耗的计划。相反，它提出通过开采荒野地区尚未开发的石油储备来增加石油产量，以减缓美国对进口石油依赖度的增长。事实上，布什总统作出了这样的决定，因而增加了他对石油的依赖。这个决定和后来企业对减少温室气体排放的反对，支配着政府决定反对气候变化的任何谈判，并在四年之后的 2004 年 12 月阿根廷气候会议和 2005 年京都各方在蒙特利尔举行的会议上达到了顶点。有 180 个国家出席的蒙特利尔会议的意图是，开始就 2012 年京都协定到期后执行的温室气体排放量进行谈判。2006 年 11 月在内罗毕举行的下一次会议也没能制定一个减少排放量的时

---

① Robin Cook, "Special Relationship a Fantasy," *Guardian Weekly*, November 19, 2004, p. 13.

② Michael Klare, "Bush-Cheney Energy Startegy: Procuring the Rest of the World's Oil," *Foreign Policy in Focus Magazine*, 2004, at www. fpif. org.

③ Paul Brown, "Oil Giant Bids to Oust Expert on Climate," *Guardian Weekly*, April 11, 2002.

间表。很显然，美国没有参加及其领导力的缺失是未能取得进展的一个主要障碍。

如果得出结论说，化石燃料工业仅仅影响到美国政策，而没有影响到其他国家的政策，那就错了。欧洲国家签署了京都协定，并开发了可替代能源项目，但是，我们必须看到，在另一个没有签署京都协定的澳大利亚那里就可以看到这种不良影响。在澳大利亚，政府严重依赖农业及资源经济局（ABARE）的数据和建议，这个机构是由商业和化石燃料工业资助的。[1] 指导委员会中的每个席位都会得到 5 万美元，而利用这一点的包括美孚石油公司、埃克森标准石油公司、德士古石油公司、必和必拓公司和澳大利亚铝业协会。和在美国发生的一样，澳大利亚农业及资源经济局预言，如果达到减排目标就会损失大量的工作机会和收入。澳大利亚政府已经与化石燃料产业进行了秘密合作，制定一个依赖于对二氧化碳进行地质隔离的能源计划，却忽视可替代能源。[2] 尽管人类引起了全球变暖的科学证明日益加强，仍有人以所谓的科学协会的形式来坚决抵制这些发现，例如美国的乔治·C. 马歇尔研究所和英国的科学联盟就是这样的组织。

2005 年，京都协定的两个主要对抗者，也就是美国和澳大利亚，联合中国、日本、印度和韩国组成了"亚太清洁发展和气候伙伴关系"。这就拒斥了强制性的温室气体排放目标，而代之以促进技术性的解决方案。这种伙伴关系的反对者承认必须寻求技术

---

[1] Clive Hamiltonm, *Running from the Storm：The Development of Climate Change Policy in Australia*（UNSW Press, Sydney, 2001）.

[2] Andrew Fowler, "Leaked Documents Reveal Fossil Fuel Influence in White Paper," ABC Online, September 7, 2004, at http：//www. abc. net. au/pm/content/2004/s1194166. htm.

解决方案，但看到了仅仅依靠这种发展的危险。2006年1月，在悉尼举行的"亚太清洁发展和气候伙伴关系"第一次会议上，印度环境部长宣布印度不会执行强制的温室气体减排。由于印度是京都协定的签字国，并且2012年以后很可能不得不遵守强制减排，这种伙伴关系可以被看做是一个破坏京都协定并且继续依旧进行工业活动的机制。五年之内，澳大利亚承诺1亿美元用于技术解决方案，美国承诺3.45亿美元用于技术解决方案，与投资于反恐战争的数千亿美元相比，这种极少的承诺使得我们的这种解读似乎在得到证实。

在美国，发挥作用的还有许多其他因素，它们使这个错误的政策没有遇到强烈的反对而得以推行。我们会在后面的章节中分析这些，但是，它们作为西方文化的关键因素，却因化石燃料产业的权力、财富和影响力而失色。我们选择石油为分析的主题，是因为对石油的热衷如同对其他物热衷一样，战胜了理性的行为。然而，我们提出的观点同样适用于煤炭产业。

黑金还是魔鬼的排泄物？

以往的淘金热被今天对黑金的追求所取代。石油在公众心目中是这样的形象，随着喷出的石油染黑了天空，勘探的冒险活动在大爆发中达到了高潮。到处是喜悦和财富。事实是，它的形象应当是魔鬼的排泄物，这种排泄物公开或者秘密地决定了世界上最强大国家的外交政策。对石油的需要如此强烈，强国为了得到它会不择手段，不管谁或什么会被玷污。石油赋予经济以力量，因为它是经济增长的发动机。石油经济和新自由主义的自由创造了一种对环境进行征服性破坏的哲学，用切尼副总统概括的话来说是，对每个美国人来说，在他们开着他们所能找到的最大的越野车时，消费尽可能便宜的汽油是上帝赋予他们的权利。[1] 这种态度决定了下面描述的灾难。但接下来会有更多的事情发生，因为在本世纪，气候变化的结果和预计的石油枯竭会同时发生。控制和适应气候变化的努力，和供养世界人口所必需的农业和经济活动的衰退引发的动乱会同时发生。诉诸更危险的化石燃料——煤炭的压力，将会极其巨大。

我们对石油只有有限的追索权，尽管人们还在争论它什么时候会枯竭，却有证据表明这很可能很快就会发生。在理查德·海因伯格（Richard Heinberg）的《聚会结束》[2] 和坎贝尔（C. J. Campbell）的《石油和天然气消耗的本质》[3] 都认为，石油开采的高峰将出现于本世纪初，可能是 2021 年。当时我们恰恰不能认识到，只有在回顾时才能认识到。

世界范围内石油发现的顶峰是在 1964 年。许多石油科学家的一致意见是，在未来 5～15 年内，不会有什么重大的石油发现，而且从现有油田中开采石油变得越来越困难，这会使石油减产。金·哈伯特（M. King Hubbert）是一个受人尊敬的地质学家和前石油工业专家，他描述了钟形的产量曲线，[4] 我们已经达到了这一曲线的顶点，并将很快到达下降的弯曲部分。石油的价格会上涨，

---

① William Rivers Pitt, "The Prophesy of Oil," *Truthout Perspective*, March 7, 2005.

② Richard Heinberg, *The Party's Over: Oil, War and the Fate of Industrial Societies* (New Society Publishers, Gabriola Island, BC, Canada, 2003).

③ C. J. Campbell, *The Essence of Oil and Gas Depletion* (Multi-Science Publishing, Essex, England, 2004); and C. J. Campbell, *Oil Crisis* (Multi-Science Publishing, Essex, England, 2005).

④ M. K. Hubbert, *Resources and Man* (National Academy of Sciences and National Research Council, 1969).

因为需求会随着中国和印度的蓬勃发展而增加。

还有一种观点认为没有迫近的危机，以需求为基础的勘探和发现仍会继续，并且还有很多地区有待勘探。由于政治和商业的原因，对这一问题的分析变得困难。许多国家夸大其石油储备量，因为这能让它们获得贷款并出口更多的石油。大公司为了提高股票价格也夸大其石油储备，而政府则滥用统计数据以符合它们的目的。然而，最近的许多观点仍支持海因伯格和坎贝尔的分析。[①]

如果文明真的进入一个石油匮乏的时代——考察过所有证据之后，作者也认同这种景象——我们应该认识到，当前的世界人口无法得到供养，而减少人口的需要则会引发混乱和冲突。海因伯格斗胆地提出的观点是，世界人口在只有 20 亿时才是可持续的。[②] 这是为什么呢？首先是因为石油已经成为粮食产量急剧增长的一个主要因素，正是这样的粮食产量增长促进了世界人口的日益增长并供养他们。石油提供氮肥、除草剂和杀虫剂，并且为用于大农场工作和产品运输、分发的拖拉机提供燃料。人类就像其他动物一样，根据可以获得的营养的充分程度来扩大其数量，我们可以这样假设，化石燃料特别是石油的使用导致了人口爆炸。

因此，石油是西方文明扩张和技术发展的关键，而美国率先发现并利用自己的石油，导致了其无法描述的富足和对世界的统治。美国在个人和公共运输、电力、工业和武器生产上对石油的依赖，比任何其他国家都大。通过开采这种资源所达到的如此之高的生活水准，在两代人之前是无法理解的。然而，为了维持这种生活水平，

---

① J. Leggett, *The Empty Tank* (Random House, New York, 2005).

② Heinberg, *The Party's Over*, from note 35.

现在美国所需石油的53%来自进口，到2020年，这种比例将会达到72%，① 这是一种危险的形势，已经开始主导美国的外交政策。

但是，石油生产和消费导致环境的破坏已经到了威胁人类文明的程度。拥有石油资源能够给予政府和企业如此大的权力和财富，以至于普遍存在对其后果的否认心理。温室气体排放就像对土地、海洋和河流的污染那样，被认为是一个必需的后果。我们将讨论下面的控诉。

石油在许多穷国的开采阻碍了这些国家的发展，还留下了环境恶化的恶果。1995年和2001年，萨克斯和华纳研究了来自97个国家的数据，来测度这些国家的经济表现与其对自然资源出口的依赖程度的相关性。② 他们指出，自然资源的开采阻碍了其他经济活动。通过管道运输石油产生了许多具有严重后果的灾难性泄漏事故。土地和沿海水域几十年的污染，损害了居民的健康和生计，这种情况有许多例子。最后，对石油供应的轻率追求成为美国外交政策中的最重要因素，这就对全人类产生了越来越多的不良后果。

石油和发展中国家

在《助长贫困——石油、战争和腐败》③ 的报告中，基督教救

① R. Freeman, "Will the End of Oil Mean the End of America?" March 1, 2004, at http://www.commomdreams.org/cgi-bin/print.cgi? file = /views04/0301 - 12.htm.

② J. Sachs and A. Warner, *National Resource Abundance and Economic Growth* (Harvard University, Cambridge, MA, 1995).

③ "Fuelling Poverty—Oil, War and Corruption," Christian Aid Report, 2003, at www.christian-aid.org.uk.

助会根据国际货币基金组织（IMF）、世界银行和它自己专家的数据，来分析石油发现的影响。在发展中国家，石油成为造成大多数人口更加贫困的关键原因。腐败增加，战争或内乱的可能性增大，独裁或非代议制政府长期存在。因为发达国家的石油勘探和输送是由跨国石油公司执行的，为了这些公司获得成功，200亿美元公共资金被用于支持这些企业。基督教救助会的报告分析了安哥拉、苏丹和哈萨克斯坦等三个国家的石油发现。

在安哥拉，石油带来的年收入是50亿美元，但其中的10亿美元因逃税而丢失。这种资金占政府收入的90%，并且几乎所有的消费品和服务都是进口的，这表明当地就业和基础设施很少发展。石油收入激发了一场持续30年的战争。石油泄漏破坏了环境，而且运营公司不受环境监督。安哥拉被列为世界最贫困的国家之一，2/3的人口没有安全饮用水。

在苏丹，石油导致了长期内战，并为内战提供了资金，但是开采在大屠杀中仍继续进行。在哈萨克斯坦，尽管国家收入很多，但仍存在赤贫。虽然持续贫困是发展中国家石油发现的特征，而在挪威和苏格兰（设得兰群岛）等西方小国中，石油发现则导致了公共信托基金的创建，以便在油井枯竭的情况下，维持社区支持和发展。在进一步分析已经发现石油的发展中国家的灾难性情况时，我们必须考察自由民主国家在规范其支持的法人帝国中的作用和责任。

以安哥拉为例，通过付给政府签字费，以赢得以保密协议为准的经济利益，因而腐败受到鼓励。在所有这些情况中，富国和石油公司的需要凌驾于改革的需要之上。为了揭露都向政府支付了什么，英国政府开始了一场采掘业透明运动。英国石油公司公布了支付给安哥拉的细目，因而受到终止合同的威胁。这场运动失败了，因为公司与竞争相联系的保密需要优先于它们对管制它们的国家之外的个人的责任。我们要问，当西方政府、公司法和交易所不能强制执行行为规范时（因为这不符合自由民主国家的需要），为什么国际金融和贸易能得到法律保护（因为它符合自由民主国家的需要）。基督教救助会在其报告中呼吁进行例如中止公共资金和国际货币基金组织资金对石油项目的资金供给的改革，呼吁创建公司支付的以发展基础设施为目的的信托基金。英国首相布莱尔要求主动揭发向专制政权的付款，但 2004 年仍有巨额付款。① 这种情况已经持续几十年了，管理方面却没有进行任何改革的重要尝试，这无疑是对自由民主制的控诉。

由于石油的发现、保护输油管的需要以及为镇压反对意见而提供武器，除了苏丹和安哥拉之外，还有许多国家的土著居民被驱逐或与外来势力发生冲突。涉及美国的有危地马拉、哥伦比亚、刚果民主共和国、印度尼西亚亚齐省、阿富汗和伊朗。法国、俄罗斯和英国也对其他国家的动乱负有责任。② 中国已经迅速在安哥拉、苏丹、尼日利亚和阿尔及利亚发展了石油利益，以满足其快速增长的经济需要③。

石油污染：石油和自然不可调解

石油的勘探和运输中对海洋、河流和湿地产生的污染，表明

---

① "Time for Transparency: Coming Clean on Oil, Mining and Gas Revenues," *Global Witness Report 2004*, March 2004, at http://www.globalwitness.org/media_ library_ detail.php/115/en/time_ for_ transparency.

② "Oil Wars," *The Ecologist*, April 2003.

③ Decian Walsh, "China's Scramble for African Oil," *Guardian Weekly*, November 18 - 24, 2005.

了石油公司和对石油公司管理失控的主要是自由民主制的政府对环境的漠视，也反映了某种为获得这种重要资源不惜任何成本的绝对优先权。我们将分析一些这种事件的原因。

地球之友组织在《未能吸取的教训——另类壳牌公司报告》中，考察了壳牌公司在九个国家的活动，得出了这样的结论，"壳牌公司继续坚持使用那种对人和环境都具有危害的工业基础设施，继续经营老化的、向社区排放致癌化学物质和其他有害毒素的炼油厂，继续忽视毒害环境和损害人类健康的污染物，继续危害物种的生存，继续为不合格的环境控制而与当地政府谈判"①。

在尼日利亚人们声称，几十年来，壳牌公司的活动污染了炼油厂和输油管周围的土地、森林、湖泊和红树林。② 2005 年 11 月 14 日，尼日利亚联邦法院命令，包括壳牌公司在内的许多石油公司停止在尼日尔河三角洲燃烧废气。起诉人声称，这种行为持续了几十年，导致大量温室气体的产生，并使许多人死于当地的污染。起诉人估计，三角洲的一小块地区意味着每年有 49 人过早死亡，有将近 5000 人患呼吸道疾病。有人声称，壳牌公司早在几十年前就知道燃烧废气的行为是有害的，然而却不顾其对环境负责的声明继续其行为。壳牌公司对《另类壳牌公司报告》的回应是，"在尼日利亚或其他任何地方，我们拒绝任何与人权滥用相联系的行为"③。2006 年 2 月，尼日利亚的一个法庭命令荷兰皇家壳牌公

---

① Friends of the Earth, "Lessons Not Learned: The Other Shell Report," 2004, at http: //www. foe. co. uk/resource/reports/lessons_ not_ learned. pdf.

② Friends of the Earth, "Lessons Not Learned: The Other Shell Report," 2004, referred to in "Oil Search Wrecking Nigeria," *Guardian Weekly*, June 18, 2004. The allegations referred to in the text are made by various groups and authorities cited in this article.

③ See http: //www. euractic. com/en/socialeurope/meps-campaign-step-corporate-respon sibility/article - 141766.

司为污染尼日尔河三角洲支付 1.5 亿美元赔偿金。[①] 壳牌公司在其《2005 年可持续发展报告》中声称，"我们承诺将尽我们的力量，对环境和社会负责，投资于满足未来世界能源需求的方式"[②]。壳牌公司已经宣称，到 2008 年将停止燃烧废气。此外，2005 年 5 月 27 日，壳牌公司联合英国其他 12 家最有影响力的公司给布莱尔首相写信，请求他对气候变化采取紧急措施。[③]

1989 年 3 月 24 日，埃克森·瓦尔迪兹号油轮在阿拉斯加威廉王子海峡搁浅。结果泄漏了 25.8 万桶原油，风和洋流很快把原油散布到进行经济鱼类捕捞、旅游、生物宝藏丰富的区域。大约 4000 英里的海岸线受到污染。几十万只海鸟以及成千只的海獭、鲸鱼和大型鱼类死亡。这次泄漏发生在一个自由民主国家的一个敏感的和经济意义重大的区域，而且其生物影响已经得到了认真的研究。15 年后，只有部分区域恢复了。

应该认识到，这次的泄漏量只占世界每年发生在陆地和海洋的泄漏量中的一小部分。埃克森·瓦尔迪兹号泄漏事故后的一年，发生了 1 万次小的石油泄漏事件。所有这些事件都给海洋和海岸生态系统带来了长期的有毒物质压力。[④] 发展中国家的石油泄漏记录令人震惊，而当缺乏环境规章时，人们很少做出努力来减轻泄漏

① Rory Carroll, "Shell Told to Pay Nigerians $ 1.5bn Pollution Damages. Oil Giant Will Appeal Against Court Decision. Kidnap and Sabotage Cripple Production," *The Guardian*, February 25, 2006.

② See http://www.shell.com/static/envirosoc-en/downloads/sustainability_ resports/ shell_ report_ 2005. pdf p. 2.

③ "Corporate Leaders Group on Climate Change," May 27, 2005, Prince of Wales's Environment Programme, at http://www.cpi.cam.ac.uk/bep/downloads/bep _ report_ 2005. pdf.

④ P. R. Ehrlich and A. H. Ehrlich, *Healing the Planet*: *Strategies for Resolving the Environmental Crisis* (Addison-Wesley, Reading, MA, 1991).

事故的影响。

海上大型石油泄漏事故是因油轮碰撞、油轮触礁或船舶搁浅而导致的船体破裂的结果。埃克森·瓦尔迪兹号在一位醉酒船长的指挥下全速冲到岩石上，即使它有双层船体，也会撞出一个洞。但是，人们认为，在大多数情况下双层船体能防止泄漏。埃克森·瓦尔迪兹号灾难之后，大多数大的海洋石油泄漏来自年限很长的单层船体的船只。

1996 年的海上皇后号事件①和 2002 年的威望号事件②表明了事故涉及哪些因素。这两艘船都是单层船体船舶。海上皇后号在威尔士米尔福德港撞上了一个地图上有标示的岩礁，泄漏了 7 万吨轻质原油，造成了大范围的海岸污染。这艘船是西班牙制造的，归挪威所有，在塞浦路斯注册，由法国租赁，经营地是英国格拉斯哥，悬挂利比里亚国旗，雇用俄罗斯船员。讲俄语的船长和领航员之间存在交流问题。威望号是一条 26 岁的船只，在西班牙的大西洋沿岸开裂并沉没，泄漏了 6 万吨重质原油，对葡萄牙、西班牙和法国的海岸造成了大面积的污染。威望号的船员是菲律宾人，船长是希腊人，归利比里亚所有，但受一个希腊卡特尔控制，注册国是巴哈马。航运公司之所以使用方便旗，是为了在免税港注册，也是为了逃避对旧船的维护和逃避船员培训和条件的管理规定。

发展中国家的污染是对西方法人帝国的伦理和贪婪的控诉。当污染发生在西方国家时，通过司法系统会有某种程度的问责，虽然我们必须认识到，财大气粗的公司会使用法律选择权来拖延

---

① TED Case Studies, Empress Case, at http：//www. american. edu/TED/walesoil. htm.
② Caroline Lucas, "The Laissez-Faire Misadventure," Redpepper Archive, at http：// www. redepepper. org. uk/intarch/x-shipping-disasters. html.

判决并减少赔偿。埃克森·瓦尔迪兹号案件仍在审理中。其他事件中也没有达成补救协议，例如，数百万吨的废油垃圾留在北海海床上，这是英国石油工业兴隆的遗迹。[①] 石油和重金属严重破坏了大面积的海床，也是鱼类总量下降的部分原因。然而，在世界很多地方发生了这种事件，但很少有人试图评估或补救。很少有向这些公司施加环境问责的尝试，这是石油工业的强大势力的反映。这些自由民主的工业国家没有认识到它们的责任。

我们必须根据民主国家在环境保护方面的记录，来讨论关于油轮的老化和潜在危险的规定。联合国的一个机构国际海事组织（IMO）已经制定了国际安全规定。[②] 在国际海事组织的规定下，国家海港检查员可以检查安全隐患并扣押船只。以威望号为例，英国石油公司在 2000 年对其进行了检查，发现它根本不适合其用途。在沉没的前一年，美国航运局对其进行了检查，[③] 根据一项被出自航运业和金融业利益的密集游说冲淡的建议，它只在欧洲沿海运营。

欧洲议会议员卡洛林·卢卡斯（Caroline Lucas）认识到了问题的关键，"事实上，我们都应该受到谴责，因为我们允许我们的政治家们（通常是选出来的），把企业和金融市场的优先度置于我们所有人的经济、社会和环境的长期需要之前。我认为，过去十年来全球化的这种趋势对威望号的命运负有责任"[④]。国际运输工人

---

① Fred Pearce, "Toxic Legacy of Britain's Oil Boom," *New Scientist*, December 7, 1996.

② Jim Morris, "Ship Shape. UN Agency Takes on the Complex Task of Regulating the Far-Flung Shipping Industry," *Houston Chronicle*, 1996.

③ Eric Scigliano, "Puget Sound's Rustbuckets," *Seattle Weekly*, January 1, 2003, at http://www.seattleweekly.com/features/0301/news-scigliano.shtml.

④ Brown, "Oil Giant Bids to Oust Expert on Climate," *Guardian Weekly*, April 11, 2002.

联合会秘书长大卫·科克罗夫特（David Cockroft）认同这一观点，他说，"航运业是世界最先全球化的行业。……但它的特征是一种保密和欺骗的文化。……航运的保密文化意味着，当有刑事责任的危险船只沉没时，船主能够躲在黄铜板材的公司门牌后面，这种门牌使每一艘船成为一个独立的公司，然后公司的所有者可以宣布破产。……然后所有者可以继续用他其他的船只进行贸易。"[①]

石油污染是一个可以解决的问题。它还没有解决，是因为强权声音施加的经济利益压力践踏了长期的环境考量。国际海事组织得不到美国的无条件支持，而各国也没有履行国际海事组织的规定。难道说我们不能在每条造访美国和欧洲民主国家的船上严格执行这些规定吗？还是我们不愿意这么做？

油轮的双层船体问题是一个环保组织与惰性作斗争的问题。2003 年，开始执行一项协议，规定 130 个参与国，逐步淘汰至少 23 年船龄的、超过 20 万吨级的单层船体油轮。2005 年，这些规定更为严格。[②] 这是否能减轻污染，还有待观察，因为要求油轮必须使用双层船壳的法律协议，实际上已经通过使用"方便旗"被逃避了。通过公司和子公司的复杂迷局，油船的所有者可以隐藏起来。人们不知道某一特定船只是否有双层船体，除非这艘船的单层船体在一次事故中破裂，污染上百平方英里的海洋和海岸线，这时就太晚了。律师找不到所有者，法律补救也就成为不可能。

由于现代公司法的结构，这种逃避是可能的。从大约 150 年前

---

① David Cockroft, "More Than Just a Loss of Prestige," *Red Pepper*, January 2003, at http://redpepper.org.uk/intarch/x-shipping-disaster.html cockroft.

② "Global Phaseout of Older Single Hull Tankers Begins," *Environment News Service*, April 7, 2005, at http://www.ens-newswire.com/ens/apr2005/2005 – 04 – 07 – 02.asp.

起，英国的法院就裁定，一个公司与其所有者、管理者和成员在法律上是分开的。这就为公司创造了独特的法律身份的概念。公司法是由受大企业控制的律师们起草的。这就导致这样一种情况，公司具有自主性，就像电影里的机器人突然活了一样。在大多数的西方国家中，公司法的结构比任何其他法律体系（可能除了税收以外）都复杂，这就使公司的律师相对容易掩藏油轮的所有者，实际上是相对容易掩藏所有其他投资的所有者。这些都是合法的，且被公司法所允许的。

由于和全球资本主义的紧密联系，自由民主制不止一次牵涉到生态欺骗的过程中。自由民主的信仰影响了那些起草公司法的人，它允许财产和货物在全世界的自由流动。当然，自由民主的意识形态也影响了我们政府中的那些投票支持这种法律的有代表性的成员。这种法律框架是为了让法人势力发展壮大而特别设计的，正是这种法律框架允许了"方便旗"的存在，并让它们的所有者逃脱责任。

一切照旧：经不起考验的关心

西方民主国家在维护公共利益方面没有尽到它们的责任。如同在金融和贸易的许多领域一样，西方民主国家在国内实行一些社会公平的规定和民主价值观，但它们并没有把民主制的这些原则应用到发展中国家。这是一个在约瑟夫·斯蒂格利茨（Joseph Stiglitz）的《咆哮的90年代》中反复出现的主题。[1] 西方民主国

---

① Joseph Stiglitz, *The Roaring Nineties* (Penguin Books, London, 2003).

家认为，干预主权国家处理事务和事情的方式是不合适的。我们不认同这种观点，并且认为这是自由民主制的一个失败。原因是我们所熟知的。我们无法离开石油。因此，那些生产石油的人就很有势力。他们用对政党的巨大经济支持来加强这种势力。

我们有必要问，在真正地把政策转向提高能源效率和可再生能源方面，民主国家是否做出了任何努力。20世纪80年代，丹麦开始发展风能，现在丹麦电能的10%来自风力发电，其他的欧洲民主国家也在发展相似的项目。在所有发达的西方经济体中，瑞典在能源方面的进步最大，它试图在不建设新一代核电站的情况下，在15年内彻底摆脱石油。这样做的目的是，在气候变化破坏经济和日益紧张的石油稀缺导致新一轮价格大幅上涨之前，用可再生能源取代所有的化石燃料。[1] 然而，这些努力只是必须进行的改革中的沧海一粟。

在美国，布什总统曾说，"我们需要一种能鼓励消费的能源政策"[2]。为了保证供应，美国在世界上不断增加军事基地，并在其他国家挑起战争和混乱。这表明，民主并不能阻拦威胁世界稳定和未来的行政决策。富国只考虑自身需要的行为，以及一个关注维护其自身权力优先于保障世界未来的总统，将受到所有理解这场危机的人的谴责。

仅仅是谴责很容易。它并不能让我们去进一步理解问题的本质。有些人认为，在控制破坏性实践中，强制性的法人责任具有重要意义，[3] 但是没有迹象表明政府会接受这种观点。在英国，布

---

① John Vidal, "Swden Plans to be World's First Oil-Free Economy," *The Guardian*, February 8, 2006.

② George W. Bush, speech in Trenton NJ, September 23, 2002.

③ "Oil Wars," *The Ecologist*, April 2003.

莱尔政府采用了一个《公司法改革法案》，以回应来自公司责任联盟的压力，该联盟是由英国大赦国际、地球之友、基督教救助会、工会和学术机构等130个英国社会组织构成的。该法案提议，赋予公司管理者对社区和环境的"关心义务"，同样赋予公司不法行为的受害者以获得赔偿的法律权利。由于企业集团的游说，原来的法案草案被淡化了，所以法案只要求管理者"考虑"社区和环境。一项温和的改革变成了可有可无的东西。① 无论如何，社团主义的历史表明，规范就是被用来废除或者逃避的。②

我们必须理解那种把贪婪和成功置于他人的合理需求之上的极端信仰范式。我们简要地举两个例子，一个来自美国，另一个来自澳大利亚，它们表明，法人利益和民主政府互相勾结，损害民主进程和公众利益。一位石油业的说客是一个没有经过科学训练的律师，他被调到白宫负责环境质量委员会。他的任务就是编辑报纸以贬低全球变暖的威胁。③ 有证据表明，在澳大利亚，"任何减少澳大利亚正在急剧增长的温室气体排放量的行动都会影响一些企业的商业利益，一小帮有势力的化石燃料说客代表着这些企业，十年时间中，他们不是在对霍华德的政府施加多少影响，而是实际上撰写了这些政策"④。

---

① Friends of the Earth, "Company Law Reform Fails People and the Environment," November 3, 2005, at http: //www. foe. co. uk/resource/press_ releases/company_ law_ reform_ fails_ p_ 03112005. html.

② J. Bakan, *The Corporation: The Pathological Pursuit of Power and Profit* (Constable and Robertson Ltd, London, 2004).

③ Julian Borger, "Oil's Spirit Burns on in the White House," *Guardian Weekly*, June 24 – 30, 2005.

④ Clive Hamilton, "The Dirty Politics of Climate Change," Speech to the Climate Change and Business Conference, Adelaide, Australia, February 20, 2006, at www. tai. org. au.

　　这种极端的自我服务范式是上面描述的污染、腐败和勾结的原因。2006 年，壳牌公司的利润是破纪录的 230 亿美元，然而，其环境记录是有严重缺陷的，特别是在发展中国家。乔治·蒙比奥特详细描述了一些石油公司如何通过接受气候变暖的科学和发布可持续发展报告来重塑品牌。然而，环境和人权对它们的运营的影响实质上没有变化。[①] 一般来说，企业领导者有能力把人们的健康和他们孩子的未来包容到利润之中。推动这些行动的是一个强有力的信仰体系。稍后我们会进一步分析，自由民主国家是如何促进这些事件的。

---

① George Monbiot, "Oil Giants Spin Web of Deceit," *Guardian Weekly*, June 23 – 29, 2006.

第三章
饥饿加饥渴：食物和水的盗窃

那从公地上偷鹅的人，

男人上绞架，女人遭鞭打；

但从鹅那里偷走公地的大恶棍，

他们却把他放跑。

——英国民间诗歌，约 1764 年

空空的水井

很明显，1764 年就出现了公地问题。我们会在这一章中证明，自由民主国家不但没有解决这个问题，而且更糟糕，它们帮助并鼓动恶棍。我们来看一看"天赐"食物鱼和水，并研究它们的不公平使用是如何出现的。

对地球上的所有生命形式来说，水的需要是最重要的。为了维持生命，人体每天通过排出尿和粪便中的水来清理自身有毒的废物，通过皮肤和肺的脱水使得身体保持恒定的体温。如果不持续替换这些损失的水，血液中盐分浓度的变化会刺激大脑，逼迫人去喝水。口渴的强制性远远大于饥饿，因为几天不喝水就会威胁生命，而人体几周没有食物也可以生存。人们的口渴体验是一种无法抗拒的强制性欲望，这种渴望如此强烈，以至于水手们会喝对自己有害的海水，被困在沙漠中的人会喝尿。世界上成百万的贫困人口不得不喝充满了病菌的浑浊的水，因为没有其他选择。这加重了贫困社区感染、疾病和死亡的负担。

1948 年发表的《世界人权宣言》，谈到了撰写它的人所能想到的所有重要权利——财产、政治、婚姻、法律权利等，但是没有提到清洁空气和安全饮用水这些公地的使用。第 25 条称，"人人有权享受为维持他本人和家属的健康和福利所需的生活水准，包括食物、衣着、住房、医疗和必要的社会服务"[1]。或许拥有安全饮用水的权利包括在对食物的记载中，但是文件的措词表明它是一系列的个人民主需求。50 年后，在 2003 年的世界水资源论坛上，米哈伊尔·戈尔巴乔夫（Mikhail Gorbachev）呼吁把用水的权利写进《世界人权宣言》中。

有权使用包括安全饮用水在内的水资源无疑是最基本的人权，然而，全球 60 亿人口中的 11 亿人没有安全饮用水。[2] 与这个问题

[1] The Universal Declaration of Human Rights, Article 25, adopted and proclaimed on December 10, 1948, by the General Assembly of the United Nations.

[2] The UN World Water Development Report, *Water for People, Water for Life 2003*, at http://www.unesco.org/water/wwap/wwdr/table_contents.shtml.

相伴的是 24 亿人缺乏公共卫生设施，并且这一问题导致每天约
600 例与水有关的死亡，其中大部分是 5 岁以下的儿童。出生在发
达世界的儿童消耗的水资源量是出生在发展中世界的儿童的 30～
50 倍，并且许多地区的水质在不断恶化。然而，水资源供应是减
少贫困的中心，而且必须在其他进步之前实现。据估计，按照千
年目标提供安全饮用水和公共卫生设施每年会花费 70 亿美元，①
而世界每年购买武器的开销是 8430 亿美元。② 我们有必要分析自
由民主国家曾经怎样对待这一问题，能否解决这一问题。

　　首先，由于降雨是周期性的，所以水是一种可再生的资源，
理解这一点很重要。下层土吸收降水来补充地下水位，然后支持
植物和树木到下一次降水。大量用水导致所有大陆的地下水位下
降，并对食物生产产生了影响（由于下层土的干旱，有些城市的
食物生产力已经开始稳定下降）。结果是在印度、中国和中东的许
多地区，地下水由于过度抽取使用而枯竭。雨水还渗透进入湿地
的海绵体和森林的地面，然后逐渐地进入小溪、河流和湖泊；有
些集中到地下储存库（蓄水层）；所有这些来源都用于人类和农业
用途。目前，人类使用了全部径流水的一半，但另一半大多在无
法获取的地方，而那些地方不需要水，例如阿拉斯加、格陵兰、
加拿大北极地区、法属几内亚、冰岛、圭亚那、苏里南和刚果。
现在，每人每年的可用径流水大约是 6900 立方米（7546 立方
码），如果水和人口平均分布的话，刚好够每个人的使用。考虑到
人口增长和生产食物的供水需要，25 年后，会有 30 亿人生活在用

① 4th World Water Forum, *Water Supply and Sanitation for All*, p. 109, at http：//
www. worldwaterforum4. org. mx/uploads/TBL_ DOCS_ 80_ 11. pdf.

② Ron Neilsen, *The Little Green Handbook. A Guide to Critical Global Trends* (Scribe
Publications, Melbourne, 2005), p. 217.

水紧张的国家。[1]

尽管降雨仍将是一种可再生资源，但其分布会由于全球变暖而更不稳定，许多人类活动影响了用水效率。过度种植作物、清除森林和排干湿地造成土壤的退化，这破坏了海绵体，使水迅速流走，导致了会对土壤和作物产生进一步破坏的洪水。世界范围内的特大洪水事件增加了，从20世纪50年代的每十年6次到20世纪90年代的每十年26次。这些洪水给发展中国家造成巨大的经济损失，造成人员死亡并污染现有供水。气候变化加剧了这个问题，一方面是更大的季风雨和风暴潮，另一方面是干旱的增加。

在分析径流水的可用性时，我们必须认识到，这些水不是仅仅为了人类的使用。维持人类生命的地球生态系统也需要它。人类和农业消费对河水的使用让许多河流干涸；这就是说，河流的生态系统受到如此大的破坏，以至于河里的鱼类和保护河岸的树木都不能存活。此外，入海流量的减少还影响海岸线和鱼类繁殖地的健康。这一问题的产生是因为，每天一份3000卡的均衡食谱需要每天用水3500升，这是其他日常需要所需的5升水的70倍多。这种需要对生态服务需要的水构成了日益加大的压力（见本书第四章）。

人们通过修建水坝来保持水的供给。全世界现有45000个高度超过15米（16.4码）的大型水坝和80万个小型水坝。[2] 它们为饮用、灌溉、工业和发电提供水，并且它们减轻洪水，但存在近期的和长期的消极影响。修建大坝导致湿地的广泛损失、整个社区的迁移，以及被迁移居民失去富饶的土地。在许多例子中，河道

---

① A. J. McMichael, *Human Frontiers*, *Environments and Disease* (Cambridge University Press, Cambridge, 2001).

② P. Chatterjee, "Dam Busting," *New Scientist*, May 17, 1997.

中的自然流水缩小成小溪，作为重要食物来源的鱼类消失了。尼罗河大坝使得埃及的土地，尤其是河口三角洲土地的生产力降低，因为土地需要洪水带来的淤泥沉积来维持土壤的肥力。东部地中海注入河流的缺乏破坏了海洋生态系统。出现了许多由于几十年使用水库水导致盐碱化的例子，导致许多土壤无法使用。一些国家还用水坝从其邻国强夺水资源。流经缅甸、泰国、老挝、柬埔寨和越南的水量减少了，生态参数在日益恶化。湄公河对于这些国家的鱼类蛋白质供给至关重要，并且，季节性的洪水对大米的种植也是必需的。

　　安全饮用水还有另一种来源。存在大量的地下蓄水层水。在大多数情况下，水存在于以前地质时期的古老蓄水层中，它补充得特别慢，甚至不补充。它们的平均更新时间大约是 1400 年。①地下水为灌溉和工业补充饮用水。许多国家依靠地下水进行灌溉，在印度，全部可耕地的一半用地下水灌溉。北美大平原的灌溉依赖于钻探奥加拉拉含水层，这是世界上最大的含水层，现在正在枯竭，就像中国、北非和中东的地下水位一样。②包括北京、墨西哥城、马尼拉、曼谷、汉城和雅加达在内的许多大城市都在受到地下水位下降的威胁。

　　我们现在要分析自由民主在缓和这场水危机中的作用。水是全球公地之一，我们会在第五章提供对这个概念的全面阐释。但同时，我们会分析地下水的使用、水坝对水的控制，以及水的分布和销售。

---

①　Neilsen, *The Little Green Handbook* (Scribe Publication, Melbourne, 2005), p. 217.

②　L. R. Brown, et al., （eds.）, *State of the World 1998* (Earthscan Publications, London, 1998) pp. 5 - 6.

开采水资源

无论是在自由民主国家还是在非民主的体系中，使用含水层时，很少科学地评估它们的自然更新，因而也很少评估其寿命。

美国奥加拉拉含水层的命运表明了，在世界上最拥护民主的国家，对一种可用但宝贵的资源的态度。水就像石油一样为了利润而开采，而不考虑后代的需要。气候变化导致一些地区的降水减少，使用这些资源的民主决策是特别作出的，没有长期规划或者可持续性要求。在西澳大利亚的西南部，含水层越来越多地用于农业目的，而没有充分评估它们的更新率。澳大利亚作为最干旱的大陆，拥有几个大的含水层。干旱的南澳大利亚州的水供应，部分依靠一条虚弱的穆雷河，罗克斯比矿每天从大自流盆地中抽取 3000 万升水。这是地质时期创造的一个封闭水源。水存在于岩石的缝隙中，缝隙会随着水的抽出而合拢，然后就不能用来补充水了。[①] 然而，一个《契约法》保证了对矿井的用水供应，这项法规实际上否决了环境上的考虑。扩大罗克斯比矿的计划已经宣布。这样每天就会增加 700 亿升（790 万美国加仑）的用水量。这个含水层能免于进一步的枯竭是因为，煤矿的用水可能由海水淡化工厂提供。而海水淡化的能源需求会增加温室气体排放量。富裕国家今天的繁荣拥有否决可持续性的优先权。

---

① Lance Endersbee, "Australia's Artesian Basin— $14 Billion Down the Drain Each Year," August 15, 1999, at www. onlineopinion. com. au.

水坝的诅咒

大型水坝一般为 15 米（16.4 码）高或者更高，或者容量超过 300 万立方米（328 万立方码）。共有 45000 个大型水坝，它们储存着全球 15% 的淡水径流量。最大的 292 条河流中有 172 条的流量受到水坝的控制。① 修建水坝有经济的理由，就是为了控制和利用降水和洪水，否则这些水就会被浪费。利用这些水进行灌溉和发电可以产生直接的经济效益。2000 年，世界水坝委员会审查了发展大型水坝的效率。②

据推论，水坝为人类发展作出了重要且显著的贡献，但是，很多例子表明，为了取得这个利益，人们付出了难以承受的和不必要的代价。代价既有社会方面的，也有环境方面的。在 1/3 的国家中，供电量的一半以上来自水电，在所有国家中水坝产生 19% 的电量，这种贡献需要保持下去以减少温室气体排放。水坝吞噬牧场、耕地和森林。它们破坏水生的、陆生的和沿海的物种，因此减少了生物多样性。它们毁灭了河流的捕鱼业。这在瑞士和加拿大贫瘠的冰川山谷中的河流源头，不算是一个重大问题，但是委员会估计，在人口太多的发展中国家，大型水坝会迫使 4000 万 ~ 8000 万的人口离开家园，他们中的大多数是穷人，包括从勉强维持生存者到城市中的赤贫者。数百万生活在下游的居民生活受到

---

① "Dams Control Most of the World's Large Rivers," *Environment News Service*, April 15, 2005.

② The Report of the World Commission on Dams, *Dams and Development: A New Framework for Decision-Making* (Earthscan Publications, London, 2005).

严重威胁。它们对发展中国家的利益是暂时的。水坝的生命是有限的，随着时间的流逝，它们的维修费用会越来越昂贵，并且水坝会沉降。水坝在亚洲、非洲和拉丁美洲的负面影响尤其严重，那里现存的河流系统支持着当地经济和庞大人口的生活方式。① 在这些国家，贫穷的弱势群体和未来的后代人很可能会承担大型水坝的社会和环境代价的一个不相称部分，却没有分享经济利益。

美国选择性地拆除了一些水坝，以便改善河流的状况并允许三文鱼的自由活动。三文鱼是一种重要的食物和休闲产业。相反，印度和中国不怕肥沃土地的损失，继续修建大坝。在世界大型水坝中，中国占46%（2200个），印度占9%。世界水坝委员会的报告考察了它们对食物、安全和营养的影响。1970~1995年，印度人口的营养水平上升了14%，中国上升了30%，但把这些归功于水库水灌溉的农业是不可能的。②

对这些问题的认识，并没有使自由民主国家停止通过它们的银行和世界银行向发展中国家投资大型水坝。随着长期的环境后果变得越来越明显，并超过了发电和工业发展的利益，水坝不利于发展的科学证据的重要性就越来越得到承认。此外，预计的技术、金融和经济的表现低于期望值。作为社会可持续性的保障，对所有相关因素的考察——例如维持生态系统、本地食物生产和社会凝聚力的需要，应当使得人们重新评估这种援助发展中国家的形式。为什么这些发展会继续呢？我们必须把世界银行视为自由民主国家的一个有利于其强大的成员国的建筑公司的工具。它

---

① "Dams Control Most of the World's Large Rivers," *Environment News Service*, April 15, 2005.

② The Report of the World Commission on Dams, *Dams and Development: A New Framework for Decision-Making*.

还是因受到企业帝国和政府的共同利益驱使而把政策作国内和国外区分的另一个案例。印度作为一个迫使 3300 万人口离开家园的自由民主国家，在社会和环境方面的表现不比威权的中国好多少。当然，印度经济因受益于发电而得到了发展，但我们怀疑相对于多产土地的损失这是不是一个合算的交易。捐赠国和受赠国的民主制度都没能提供可持续的成果。

阿伦达蒂·罗伊（Arundhati Roy）在《无限正义的代数学》[1]中描述了印度讷巴达（Namada）河上修建的水坝，这是我们可以研究的最重要例子。罗伊把印度的民主形容为仁慈的面具，面具后瘟疫流行。这场瘟疫就是，50 年时间内 3300 万人口因修建水坝而被迫背井离乡。罗伊问到，当"大型水坝被废弃以后"，为何还要继续用几百个小型水坝来截断讷巴达河，"这是不民主的，这是政府积累权威的方式（决定谁会得到多少水和谁在什么地方种植什么），这是确保让农民失去判断力的方式。这是厚颜无耻的方式，从穷人手中夺走水、土地和灌溉给富人"[2]。

罗伊指出，印度粮食总产量中只有 12% 归因于大型水坝。然而，由于务农家庭被迫迁移，其他作物的损失巨大。由于社会普遍反对修建萨达尔·萨罗瓦大型水坝工程，世界银行展开了一项独立调查。事实上，世界银行在 1985 年就已经承诺贷款了，这比印度环境部批准这个工程早了两年时间。1992 年的调查发现如下：

> 我们认为，正如他们坚持的那样，萨达尔·萨罗瓦工程是错误的。在大多数情况下，因水坝而迁徙的人们的安置和

---

① Arundhati Roy, *The Algebra of Infinite Justice* (Flamingo, London, 2004), p. 52.
② Arundhati Roy, *The Algebra of Infinite Justice* (Flamingo, London, 2004), p. 85.

恢复是不可能的，而且水坝的环境影响也没有正确考虑或充分解决。此外，我们认为，银行和借款人都对已发生的情况负有责任。……可以很明显地看出，工艺和经济需要使得工程忽略人和环境问题。……所以，我们认为最理智的方式是，银行撤出对水坝的资助，重新考虑。①

世界银行继续支持，虽然在 1993 年的第二份报告后撤销了支持，但是地方政府依然继续投资。

这样的一个项目是如何产生并得以继续的呢？罗伊认为，西方水坝的修建处于困境之中，所以其受益人以发展援助的名义把它转移到发展中国家。政客、官僚和水坝建筑公司群体得到的利益是每年 200 亿美元。② 世界银行提供资金。通常，受援国的其他需要和这个交易绑在一起，例如，武器的提供。毫无疑问，相似的批评适用于发展中世界建设的许多水坝，但很少有像萨达尔这样的调查，而这个调查是由强烈的社会反对声音推动的。更为经常的情况是，被迫离开家园的人们只好听天由命。中国的三峡大坝安置的移民达 130 万人。世界银行和许多西方民主国家以及金融家都支持这个工程。③

当在一个流经几个国家的河流上修建水坝时，发现潜在的冲突并不令人惊奇。中国因其力量强大，肯定认为在湄公河上游修建水坝，不会受惩。杰弗里·达贝尔科（Geoffrey Dabelko）是伍德罗·威尔逊国际学者中心环境变化与安全项目的负责人，他声

---

① Arundhati Roy, *The Algebra of Infinite Justice* (Flamingo, London, 2004), p. 70.

② Arundhati Roy, *The Algebra of Infinite Justice* (Flamingo, London, 2004), p. 70.

③ "Who's Behind China's Three Gorges Dam," *Probe International*, at http: // www. probeinternational. org/pi/documents/three_ gorges/who. html.

称国家间重大冲突很少是因为水。[①] 然而，由于气候变化和人口压力，有人预期关于水的冲突会增加。土耳其计划在幼发拉底河上修建水坝，而这对叙利亚有害；中国和印度在布拉马普特拉河有着潜在矛盾；埃塞俄比亚和埃及在尼罗河有矛盾；安哥拉和纳米比亚在奥卡万戈盆地存在矛盾。生活在中东地区的占世界5%的人口靠世界1%的水资源生活。以色列控制着约旦河，在缺水时曾经切断对巴基斯坦和约旦的供应。在由于水的矛盾引起的21次军事事件中，以色列参与了17次。

供出售的水资源

水资源枯竭不仅仅是自由民主国家面临的问题，非民主社会——例如中国——和几乎全部的中东社会——例如沙特阿拉伯，也面临同样的尖锐问题。水资源枯竭是水需求增加的一个直接产物，而这种增加是经济增长的经济必要性原则造成的。在非洲，这个资源稀少的大陆上人口不断增长，对水资源的需求增加了，水资源枯竭的推动力主要就是满足这种需求的要求产生的。但在世界的大部分地区，水资源问题是国家在世界经济中生存的要求的产物。中国现存和未来的水资源问题，特别是对大多数主要河流的毒化，[②] 是为西方富裕国家生产消费品的要求导致的。我们以

---

① World Watch Institue, Live Online Discussions, "Managing Water Conflict and Cooperation," June 9, 2005, at http: //www. worldwatch. org/live/discussion/109; J. Reid, "Water Wars: Climate Change May Spark Conflict," *The Independent Online*, Edition 2, March 2006.

② "The Chinese Miracle Will End Soon," interview with China's Deputy Minister of the Environment, *Dr. Spiegel*, March 7, 2005.

前论证过，环境破坏牵涉到自由民主制，因为自由民主制是一个哲学体系，这一哲学体系合理化并维护了现在正在掠夺地球的全球自由市场体系。在地球村的花言巧语的背后是全球掠夺。

作为无节制的全球资本主义的神学的自由民主制，没能解决为所有人供水的问题，因为在它已演化出一套价值体系，这一价值体系把水当作一种商品，在美国、法国和英国尤其如此。这些国家把水资源的供给抛给贪婪的卑鄙小人，这些卑鄙小人认识到，对水资源的控制在长期看来是一个印刷钞票的执照，因为消费者们不可能减少其消费量来应对价格的上涨。

欧盟贸易谈判代表为了他们自己的私营水业的利益，利用世贸组织进入其他国家的水务。对付发展中国家的办法是，"不变地开放你们的水务部门几十年，我们会购买你们的香蕉和衬衫；否则，你将不会得到贷款或者要还清债务，除非你允许市场进入你的水务"。迄今为止，这些公司的记录是把价格提高到穷人的接受能力之外。在科恰班巴城，1999 年，世界银行把公共供水体系私有化强加为援助玻利维亚开发水资源的条件。1999 年玻利维亚授予了美国伯克德公司一个 40 年的特许权。水费上涨了 35%，出现了罢工和暴动，有人被杀死。2001 年，玻利维亚宣布合同无效，伯克德公司撤走，水资源回归公有。伯克德公司要求 5000 万美元的赔偿。在世界各地的公众抗议四年之后，在提交世界银行贸易法庭的一宗案件中，伯克德公司放弃了诉讼。① 许多发展中国家发生过针对类似问题的暴力抗议。

有些人认识到，水资源不应成为一种为利润而受到控制的商

---

① J. Luoma, "The Water Thieves," *The Ecologis*, March 2004, pp. 52 – 57; "Bechtel Surrenders in Bolivia Water Revolt Case Engineering Giant Sought $50 Million, Settles for Thirty Cents," Common Dreams newswire, January 22, 2006, at http://www.commondreams.org/news2006/0119 – 12.htm.

品。美国国际发展署建立了一种公私伙伴关系来为西非供水，美国政府出 400 万美元，私人部分出 3700 万美元。杰弗里·萨克斯（Jeffrey Sachs）是一位经济学家和科菲·安南（Kofi A. Annan）关于千年发展目标的特别顾问，他评论说：

> 我完全支持私人部分，但私人部分不会向西非提供水资源。私人部分想赚钱，但从快要死的穷人身上赚不了钱。公共部门落实资金之前，这种公私伙伴关系只是一个神话。①

公共部分大概就是自由民主国家。看起来发展中国家的私有化的后果很可能会使千年发展目标失败，这个目标希望到 2015 年，能够把没有安全饮用水和公共卫生设施的人口减少一半。事实上，在回顾 2005 年的进展时，萨克斯指出，这些目标"根本不靠谱"。为了达到这些目标，发达国家曾经承诺把援助资金增加到占国民收入的 0.7% 。当前，最富有的国家美国，只给了 0.16% 。②

问题的核心是：自由民主国家信奉的意识形态把世界公平、人权和终极安全放到了营利性的企业手中。来自 23 个联合国机构的《世界水资源开发报告》指出，"由于人口增长、污染和预计的气候变化，水资源会逐步减少，这是一场水治理危机，实质上是由于我们对水的不合理管理引起的"，"态度和行为问题"以及"领导层的惰性"是"危机的核心问题"。③

---

① "Wealthy Nations Fail to Find Clean Water, Health," *Environmental News Service*, May 30, 2003.

② J. Sachs, "No Time to Waste," *Guardian Weekly*, September 16 – 22, 2005.

③ Food and Agriculture Organisation （FAO）, *The State of the World Fisheries and Aquaculture 2004*, at http: //www. fao. org/documents/show_ cdr. asp? url_ file = / DOCREP/007/y5600e/y5600e00. htm.

最后的（鱼）晚餐

　　人类视海洋为无尽财富的源泉。海洋不像土地，土地会因滥用而退化和流失，在捕捞失败之前，开发海洋的结果被掩蔽起来。如果生态屏障被突破，恢复就难以保证了。

　　海洋和渔业在人的心中具有深刻的象征意义，这是一个问题。基督教和它之前的犹太教，都重视海洋的宗教意义。摩西分开死海①，让古以色列人逃离追捕的埃及人。海洋吞没了追捕者，让上帝的选民逃脱获得自由。同样，海洋和鱼在基督教和耶稣故事中占有重要地位。除了喂养 5000 人的奇迹以外，鱼的形象还成为探究奥秘的人类灵魂的象征，等待着被神圣的垂钓者捕获。作为一种双重象征，通过基督徒自己的例子和证明来看，基督教男女徒众本身也是人中的渔夫，这是一种说出"真相"或"好消息"的机制。

　　人类曾认为海洋是一种人类未知的庞然大物，空白一片，空无一物，只是为了利用而存在。海洋不像外太空，海洋容易接触到，而且需要除掉的东西可以明面上消失得无迹可寻。或者说，在相对较近期的人类历史时代之前，我们是这样认为的。这种无限性的心理之所以存在，是因为我们看不到海底，这种无限性的心理也适用于海洋的果实——渔业。那个被认为是无边无际和未知的地方一定潜在地拥有无数的居住者。"大海里有的是鱼"，这句谚语治愈了所有在浪漫中破碎的心灵和所有失望的垂钓者。但

---

　　① 圣经上应当是红海，这里是英文原文 Dead Sea。——译者注

是，我们认为"大海里有的是鱼"的想法只是一个浪漫的幻象，这个幻象在今天面临着严酷的现实。

在数量和对人的鱼类消费的世界供应的相对贡献方面，全球水产业持续增长。然而，基于此次讨论的目的，我们把分析限于海上公地的捕鱼问题。水产养殖在这种公地的范围之外，除非使用野生鱼苗（小海鱼）和用鱼肉喂养，这两种用途都加速了海洋的枯竭。

捕鱼业已经成为一种损害穷人来给富人提供营养的贸易，穷人需要沿海捕鱼作为他们的蛋白质的关键来源。大约10亿人把鱼类作为他们动物蛋白质的主要来源，某些小岛国几乎完全依靠鱼类。鱼类为26亿人提供了至少20%的蛋白质平均摄入量。[1]

北欧民主国家引领了对公海的掠夺。近年来，尤其是北大西洋国家持续不断地在海洋中捕鱼，它们的捕鱼量如此之大，以至于多产的渔场现在枯竭了。曾经丰富的大西洋鳕鱼现在成了一个濒危物种，而且太平洋和大西洋的鲱鱼渔业崩溃了。然而即使现在，保护的努力仍然不足。苏格兰、英格兰北部、纽芬兰、荷兰和法国海港中的拖捞船队在北海和纽芬兰渔场上不能充分就业。它们正在被巨大的深海拖捞船取代，这些船在深海区漫游，最远达到南极地区，以便把鱼带给营养充足的伦敦、纽约和阿姆斯特丹的居民。这些渔业加工母船使用先进的监视方法来发现鱼群，然后捕获、加工，并储存数千吨的鱼肉。我们来看一些事实和数据。

1950年，世界收获了2100万吨的鱼类。到2005年，世界收

---

① Food and Agriculture Organisation（FAO），*The State of the World Fisheries and Aquaculture 2004*，at http：//www. fao. org/documents/show_ cdr. asp? url_ file = / DOCREP/007/y5600e/y5600e00. htm.

获了 13300 万吨的鱼类，其中 9300 万吨是捕获的，4000 万吨是养殖的。联合国粮农组织（FAO）估计，总储量的 52% 被"充分开发"，另有 24% 被过度开发。占总产量 30% 的七个海洋顶位种①，被充分开发或过度开发。地中海、黑海、大西洋东北海域、太平洋东南海域和南极海域的鱼类储存急剧缩减，需要恢复。结果是，从海洋中捕获的鱼类总量可能在本世纪初达到顶峰，现在正在减少。② 华盛顿大学的一项研究描绘的画面更为严峻。③

渔业捕获现在已经转到人们不那么喜欢吃的鱼类，这些鱼成群地生活在远海海域。几十年来，捕获的鱼变小了，并且由于海洋中损失了大量生物，特别是大量的掠食物种，海洋生态系统改变了。此外，越来越多的证据表明，收获任何一种鱼类的大鱼，会导致种群变小和生殖力降低，不利于这一物种的进化。这就提供了一个解释，为什么一些种群即使暂停捕捞还是不能恢复。④

不幸的是，尽管加强了管理，由于过度捕捞和海洋生态系统的破坏，捕鱼方法变得更加具有破坏性。在太平洋西北海域，细格渔网产生的不必要物种抛弃率是每 27 吨抛弃 9 吨，而每收获 1 千克（2.2 磅）的虾，被抛弃的其他物种达到 5 吨之多。⑤ 政府投资补贴造成的船只生产能力过剩促进了过度捕捞。海表面鱼类枯

---

① 食物网中不被任何其他天敌捕食的物种。——译者注

② "Depleted Fish Stocks Require Recovery Efforts," at http://www.fao.org/newsroom/en/news/2005/100095/index.html.

③ D. L. Alverson and K. Dunlop, *Status of World Marine Fish Stocks* (University of Washington School of Fisheries, University of Washington, 1998).

④ Natasha Loder, "Point of No Return," *Conservation in Practice*, vol. 6, no. 3, July-September 2005.

⑤ Anne Platt McGinn, Christopher Flavia, and Hilary French "Promoting Sustainable Fisheries," in L. R. Brown (ed.), *State of the World* (Norton, New York, 1998), pp. 59-78.

竭后，深海拖网捕鱼日益增长，我们可以认为这种行为等同于对成熟林的皆伐，而且破坏了海底生态系统。因渔线和渔网捕杀，越来越多的海鸟、哺乳动物和海龟死亡。当前，21 种信天翁中的19 种濒临灭绝。在第四章，我们会发现，正在经受持续的冲击的复杂生态系统可能会崩溃，因而危害到所有物种；这么多物种的灭绝必须得到控制。每年都有科学报告指出，被捕捞物种存在全球崩溃的可能。2006 年发表在《科学》杂志上的一份研究报告指出，尽管近几十年来多次发出警告，鱼类资源崩溃的几率仍在上升。①

然而，正在迫近的危机不仅仅是过度捕捞。还有很多的环境因素一起威胁剩余的鱼类生物量。这与人类在陆地和大气中的活动有关。沿海渔业的繁殖和生活场所正在受到破坏。来自沿海城市和农业的污染是这一过程中的核心原因。化学制品、营养物质、沉淀物、杀虫剂，甚至药品都导致了海洋生命的衰退。为鱼类繁殖和小鱼长大提供场所的海草和珊瑚礁受到了破坏。营养物质使海藻大量繁殖，这对海洋生命是有害的，并减少了阳光的射入。由于水坝和灌溉，河流不能注入海洋，河流正常情况下带来的、被沿海鱼类所用的营养物质失去了。在亚洲，为了发展旅游业和养虾场，作为鱼类繁殖场所的红树林被清除掉。石油泄漏对繁殖场所的破坏长达几十年的时间，并且数量仍在增加。在远海海域，石油开采和污染河流的水流使有毒物质和重金属增多。北海的鱼类由于这些污染而变形，墨西哥湾的大面积海域由于污染而变成了死水。

---

① B. Worm, et al., "Impacts of Biodiversity Loss on Ocean Ecosystem Services," *Science*, vol. 314, 2006, pp. 787 - 790.

人们的分析表明，这些事件的起因复杂。作为一个案例，我们将描述西尼罗河病毒是如何到达美国并在美国传播的。这种病毒通常仅限于亚洲和非洲部分地区。蚊子把这种病毒从鸟类传给人类，导致脑炎，这是一种大脑炎症，常常是致命的。1999 年夏季，纽约布朗克斯动物园的鸟类莫名其妙地死亡。然后人们开始死于脑炎。对这一问题的诊断进展缓慢，因为相信小政府的罗纳德·里根（Ronald Reagan）大幅度削减了公共卫生服务的基金，并一直没有恢复。然而，当人们意识到西尼罗河病毒成功避开了美国检疫服务所后，纽约市政厅中开始了真正的恐慌。它们决定消灭纽约市的蚊子，动用了美国空军对城市的大部分地区喷洒了拟除虫菊酯杀虫剂。没有人认识到去关注正在席卷美国海岸的弗洛伊德飓风的重要性，它很快给纽约市带来了倾盆大雨，把杀虫剂冲进了下水道。一周之内，长岛海湾价值数亿美元的龙虾产业完全被毁，数百名渔民失业。人们未能注意到蚊子和龙虾是有亲缘关系的节肢动物，都对杀虫剂高度敏感。西尼罗河病毒在整个美国蔓延，并造成了超过 600 人死亡、高发病率以及巨额医疗费用。[①] 世界上经常发生许多这样的事件，侵蚀着公共资源的生机。

但是，还有一种新的力量在发挥作用，这种力量甚至更具有潜在的破坏性。气候变化以及海平面的上升和水温的上升，通过在科学上已经认识到的一系列机制，都威胁着海洋生态体系。由于温度上升，鱼类不得不改变栖息地；由于温度和海平面的上升，作为鱼类繁殖场所的珊瑚变白或死去；在南极海域中，作为小鱼食物的藻类和小型生物不能繁殖生长。由于吸收了二氧化碳，南

① The Center for Health and Global Environment, *Climate Change Future. Health*, *Ecological and Economic Dimensions* (Harvard Medical School, Harvard, 2005), at http：//www. climatechagefutures. org/pdf/DDF_ Report_ Final_ 10. 27. pdf.

极海域的海水变得越来越酸，这影响了许多小型甲壳类动物的生长，而它们是鱼类的食物来源。

最后，有些人公然使用毁灭性的方法，以导致鱼类日渐缺乏的行为来牟利，例如在暗礁上使用毁坏整个生态系统的氰化物和炸药。另一个破坏性方法就是，鱼类养殖场的激增导致沿海水域污染加剧，以及使用从其他海域捕获的小鱼作为养殖的饲料。在亚洲，为了建养虾场而大范围清除红树林，这不仅减少了鱼类的繁殖场所，还把海岸和社区暴露于 2004 年那样的海啸的破坏之下。必须认识到，这种海洋鱼类和虾类的养殖场和亚洲，尤其是中国迅速发展的淡水水产养殖是存在区别的，在亚洲，那是一项很重要的营养物开发。

公平、环保和自由民主制

自由民主国家空谈渔业危机，但从来没有采取足够的行动来避免它。事实上，安妮·普拉特·麦克金（Anne Platt McGinn）和她的同事们指出，"发达国家促成了公地悲剧"①。每个渔民都被允准作出捕捉更多鱼的决定，自由主义允许捕获更多的鱼。结果，北方海域严重过度捕捞。通过与南方国家签订的水域和渔业的准入协定，北方国家实际上转嫁了它们渔船的过剩生产能力。通过这些准入协定，现在北方国家捕鱼船队控制了非洲大约一半的海洋渔业。这些非洲国家得到的租金通常低于捕获物价值的 10%。

---

① McGinn, Flavia, and French, "Promoting Sustainable Fisheries," in L. R. Brown (ed.), *State of the World* (Norton, New York, 1998), pp. 59 – 78.

为了2001～2006年在毛里塔尼亚水域捕鱼，欧盟向该国政府支付了4.26亿美元，但是，鱼储藏量已经严重枯竭。[①] 塞内加尔迫于国际货币基金组织和世界银行的结构性解决方案而开放其水域。它以每年1900万美元的价格向欧盟出售许可证。欧洲船队可以捕鱼并运到其他地方，并免于征税，这导致了某些鱼类的急剧减少。[②] 换取外汇还债的需要把这些国家困在这种剥削性协议中。因此，为了养活越来越富有的北半球，人们以最低成本从海水中捕鱼，几乎不关心当地环保法规、穷国的就业减少或人均粮食供应。由于债务规模大和债务的复利，债务问题也未能得到解决。

西方国家的富裕促进了对以蛋白质为基础的食物的需求，增加了对越来越大规模的鱼产量的欲望。这不仅是因为人对鱼的直接消费。全球渔获量的1/3被用于生产动物蛋白质的动物饲料。发达国家对动物蛋白质的这种盲目迷信，与合理的健康和营养的关系很小，而与消费文化中的营销策略关系很大。我们已经看到，大众消费文化是个人主义、享乐主义和自由民主制贪婪性的一种直接产物。渔业是现行公地悲剧中的一个明显例子：不受制约的个人贪婪是如何导致资源的毁灭，是如何使发展中国家原来自给自足的沿海社会变得营养不良的。

按照产量排序，主要的海洋捕鱼国是，中国、日本、美国、俄罗斯联邦、秘鲁、印度尼西亚、智利和印度。很显然，现在的问题是所有能够掠夺公地的人都对公地进行了掠夺，而不仅仅是

---

① P. Brown, "Europe's Catch-all Clauses. EU Fishing Fleets are Devastating Stocks in the Third World," *Guardian Weekly*, March 28 – April 3, 2002.

② F. Lawrence, "The Need for Exports has Led to an Intense Focus on Certain Types of Fish. There Has Been a Rapid Deceline in Numbers," *Guardian Weely*, December 9 – 15, 2005.

最富有国家应承担责任。自由民主国家向人们展示了一个失败的例子，这一例子与它们的民主是人类救星的自信心相矛盾。在联合国的主持下，世界各国达成了协议，但它们的执行总是落后于做这些事情的需要。1946 年，第一届粮农组织渔业技术委员会就认识到了过度捕捞的问题，并在以后的每一次粮农组织渔业会议上都作为重点话题。它是人类中心主义的环境管理的永恒问题。粮农组织对渔业管理的评论是，"管理中真正改变速度缓慢，我们怀疑管理上的改进是否跟得上日益加重的资源压力"[1]。联合国的外交辞令意味着，我们正在失去资源。粮农组织在 2004 年的报告中说：

> 储量的枯竭违背了 1982 年联合国大会关于海洋法和可持续发展的基本环保要求。它也和 1995 年通过的粮农组织负责任渔业行为守则的原则和管理规定相冲突。它影响生态系统的结构、功能和弹性，威胁食品安全和经济发展，并且降低长期的社会福利。到 2030 年，作为人类食物的鱼类需求量可能会达到 18000 万吨，那时，水产养殖和任何陆地食物生产系统都不能代替野生海洋生态系统的蛋白质生产。[2]

存在负责管理公海的政府间组织，但规则的强度只能是参与组织的意愿强度；在西方文化中，环保排在利润之后。民主国家

---

[1] Food and Agriculture Organisation（FAO）, *The State of the World Fisheries and Aquaculture 2004*, at http：//www. fao. org/documents/show_ cdr. asp？ url_ file =/ DOCREP/007/y5600e/y5600e00. htm.

[2] Food and Agriculture Organisation（FAO）, *The State of the World Fisheries and Aquaculture 2004*, at http：//www. fao. org/documents/show_ cdr. asp？ url_ file =/ DOCREP/007/y5600e/y5600e00. htm.

制定了条约、法律和规定，但是，当有人施加政治或社会压力时就会规避或忽略条约、法律和规定。穷国和发展中国家扩大了这种掠夺，这通常是作为一种必需，我们能看到的最终结果只能是一张空网。

前面的一章考察了气候变化、石油使用和枯竭的多重生态后果，下一章将研讨生物多样性破坏和人口增长等相关问题。毫无疑问，对这份资料的标准回答是，这些问题的根源在于人性而不是自由民主制，或许是根源于对增长和利润的贪婪和欲望。现在我们并不认为自由民主是引起环境危机的唯一原因。相反，是自由民主制的制度未能有效应对环境危机的挑战，由于自由民主制给予贪婪和个人的自我满足以更大的权限，自由民主制有可能是一种比人类经历过的大多数其他体制都更具有环境破坏性的社会制度。毕竟，正如游戏的冠军①告诉我们的那样，这种体制是镇上的唯一游戏。然而，环境公地的破坏在加速。在下一章，我们将会通过考察生物多样性和人口问题，来进一步阐明这个问题。

---

① 这里的意思是，自由民主制游戏，冠军当然是美国。

第四章
生物多样性、生态和人口

> 能驱散这个恐怖、这心灵中的黑暗的，不是初升太阳炫目的
> 光芒，也不是早晨闪亮的箭头，而是对自然的面貌和规律的认识。
>
> ——卢克莱修（Lucretius），约公元前60年

解开生命之网

2005年7月，代表广泛科学学科的一群环境科学家在著名的
《科学》杂志上发表了一篇论文，指出土地利用活动正在破坏对全
球可持续性至关重要的生态系统。[1] 第一作者乔纳森·福利

---

[1] J. A. Foley, et al., "Global Consequences of Land Use," *Science*, vol. 309, 2005, pp. 570－574.

（Jonathan Foley）评论说，"只要没有与小行星的相撞事件，人类对土地的使用就是对地球生物圈最重大的影响"①。我们在第二章用这种可怕的警告来描述全球变暖。争论这两种威胁哪一种更大是没有意义的，因为这两种威胁是互相促进的，而且都与经济和人口增长的许多后果有关。在本章，我们发现人类拥有这样的科学认识，这种科学认识就是，生态服务的枯竭是对生存的威胁，然而对于政府行为来说，生态服务的保护不具有优先权。

生物多样性是指所有生命形式——动物、植物和微生物的不同形态，它们携带的基因，以及它们作为其中一部分的生态系统的差异性。生态系统是一个由不同物种和各物种在它们生活的栖息地内的相互作用构成的群落。何为生态服务？生态科学研究所有生物之间相互作用的方式以及它们与环境相互影响的方式。所有生物都存在于这一生命之网中，为了食物和资源相互依赖。人类是生命之网的一部分。因此，生态服务是其他物种对人类的资源供给。提供食物、纤维、纯净水，降解废物和污染物，重复利用养分，稳定气候，抵御洪水和风暴，以及提供住房、医药和文化活动的材料，这些都是资源供给的例子。因此很显然，生态系统服务是人类健康和福祉的必需部分，需要永久保持下去。②

工业革命以来，经济增长和人口爆炸对生态服务的残酷破坏是环境危机的最终共同道路。由于砍伐森林和过度种植农作物，提供这些服务的生物多样性丧失了，导致土壤流失、侵蚀和荒漠化，河流被过度使用和污染，城市化，过度捕捞和气候变化。采

---

① J. A. Foley, et al., "Global Consequences of Land Use," *Science*, vol. 309, 2005, p. 570.

② Simon Hales, et al., "Health Aspects of the Millennium Ecosystem Assessment," *EcoHealth*, vol. 1, 2004, pp. 124 - 128.

矿、油井、输油管和运输造成的污染也很显著。物种的栖息地因开发而被分割成碎块，并且物种被通过贸易带进环境中的入侵物种所取代，入侵物种在这样的环境中没有自然控制；结果是，陆地和沿海水域中的食物生产受到影响。所有这些事件的总体后果是，某一物种的基因库缩减，物种被隔离在不能杂交繁殖的保护区中。结果就是灭绝物种的迅速增多。

千年发展目标①认识到了生物多样性的重要性，这一发展目标旨在实现 2000 年的联合国宣言，宣言称"我们将不遗余力地帮助我们十亿多男女老少同胞摆脱目前凄苦可怜和毫无尊严的极端贫穷状况"。第七个目标是确保环境的可持续性，并且，在这个目标中强调了森林的作用。

森林有助于生活在极端贫困中的 12 亿人中的许多人的生计。森林滋养自然系统，而自然系统支持着许多人赖以为生的农业和食物供给。森林占陆地生物多样性的 90%。但在大多数国家森林都在缩小。②

在本章中，我们会对森林的生态作用做一些强调，因为读者很容易认识到这个作用，但我们进行的讨论同样适用于许多其他系统：河流、土壤、海洋、湿地和珊瑚礁，等等。生态系统具有修复的内在力量和能力。森林可以在砍伐之后再生长起来，土壤可以在某种程度的过度种植后再生，并且，河流能在枯竭的水流

---

① Millennium Ecosystem Assessment (MA), *People and Ecosystem: A Framework for Assessment and Action* (Island Press, Washington, DC, 2003).

② Millennium Ecosystem Assessment (MA), *People and Ecosystem: A Framework for Assessment and Action* (Island Press, Washington, DC, 2003).

恢复后重生，但这只是在一定程度上。我们会进一步讨论，我们生活于其中的社会正在继续把这些资源使用到极其紧张和可能崩溃的程度，这将会威胁我们的生存。

我们来看一个简单的例子。一片古老的森林拥有可以砍伐的宝贵木材，这可以持续利用，为手工艺人提供生计。然而，对于所有者来说——无论这一所有者是私人还是政府，把森林砍掉，获取木芯来造纸，然后把土地用途转为人工种植林树来优化未来的生产，短期内将获得更多利润。如果保留森林它就会继续提供生态服务。森林能过滤降雨，为城镇免费供应纯水；森林能调节降水带来的水流以避免洪水和干旱。森林还能提供稳定的滞留碳来源，如果森林被砍伐的话，那些碳就会作为温室气体排放出去。森林能保持许多树木和植物的物种，这些物种有助于人类的可持续生存。森林能增加降雨，因此能稳定气候。[①] 然而，用经济学的话来说，我们的价值体系把一片保护起来的森林描述为"冻结"，意思是它不能用来直接利用和创造工作机会。森林时常被砍掉，这是富有的西方文明的价值标准。

一个生态系统崩溃的意义是什么？这一系统实际上不再起作用，不能在生命之网中提供必要的功能，有些功能可能对人类是必需的。例如，过度种植和不能提供自然肥料会导致构建土壤并维持其结构的微生物的减少，然后土壤就很容易受到风和洪水的侵蚀，不能再进一步耕作。河流会因灌溉减少了水流而枯竭，而盐水会从灌溉区回到河流。然后，河流中动物和植物会死去，因此破坏了净化水的生态机制。全球数千起这样的事件都造成了生

---

① K. McGuffie and A. Henderson-Sellers, "Stable Water Isotope Characterization of Human and Natural Impacts on Land-Atmosphere Exchanges in the Amazon Basis," *Journal of Geophysical Research（Atmospheres）*, vol. 109, November 2004.

物多样性的减少，其顶点就是全球生态危机。我们认为，西方社会体现在自由民主中的基本哲学导致了这次生态危机。

但我们必须证实危机的存在。仅仅宣布土壤正在流失和河流正在干涸是不够的。就像气候变化的问题一样，我们需要从已有证据中推测未来。我们可以计算易于看到的物种的数量，并说明物种近几十年中的逐渐下降。青蛙的皮肤很容易吸收环境中的污染物，所以，我们可以把青蛙视为放入煤井中的金丝雀。它的死亡是环境健康的一种测度标准。[1] 在已知的 5743 种两栖动物中，几乎有 1/3 面临灭绝。1998 年，《新科学家》报告称[2]，大约 12% 的鸟类面临灭绝，在施行精耕细作的国家中，较为普通的鸟类的数量也大量减少。这主要是由栖息地的丧失和杀死昆虫的化学物质的使用引起的。2005 年，据报道，由于气候变化、失去栖息地和昆虫，英国林地鸟类大量减少。[3] 主要由于人类活动侵占栖息地，世界上 23% 的哺乳动物也面临灭绝。这其中包括我们最近的亲戚，大型类人猿。[4] 据估计，2003 年时野外有 414000 只猿类。而世界每两天就会有 414000 人出生，他们的生存需要土地和淡水。所有的猿类都受到了威胁，并预计会在几代内灭绝，因为人类占领了它们的领地。

科学上把某一物种的健康和数量作为环境健康的标准，或者更准确些说，是它们生活于其中的生态系统健康的标准。因此，青蛙的数量反映了淡水河流的健康状况，林地鸟类的数量和多样

---

① Steve Connor, "The Polluted Planet: Alarm as Global Study Finds One Third of Amphibians Face Extinction," *The Independent*, October 15, 2004.

② O. Tickel, "Paradise Postponed," *New Scientist*, January 17, 1998.

③ Robert J. Fuller, et al., "Recent Declines in Populations of Woodland Birds in Britain: A Review of Possible Cause," *British Birds*, March 2005.

④ T. Radford, "Touching the Void," *Guardian Weekly*, August 6 – 12, 2004.

性反映了林地的健康。当特定物种的健康受到监控时，它就被称为"哨兵物种"。例如，海獭数量的逐渐减少是加利福尼亚海岸恶化的一个关键指标，加利福尼亚海岸的污染日益严重，病原体大量滋生。[①] 一个哨兵物种健康状况不良或灭绝常常表明存在一个对人类有害的环境。

对化石记录的考察表明，物种的背景灭绝率是每年寥寥几种。据估计，现在每年至少失去一千种物种。全球变暖加速了这种损失，据估计，如果温室气体继续以现在的速度排放，到2050年，15%~37%的动植物会面临灭绝的危险。[②]

在脊椎动物存在于地球的过去5亿年内，突然的气候变化、大气现象和其他的灾难性事件引起了五次大规模的自然灭绝，大约造成了2/3的物种灭绝。今天，科学的意见是，我们生活在第六次物种灭绝时期，并且是由人类活动引起的。瓦茨拉夫·斯米尔（Vaclav Smil）的计算以简短的语言阐明了基本原因。[③] 60亿人类重1亿吨。如果我们为世界上所有野生动物称重，它们可能不会达到1000万吨重，并且所有家养动物的重量是所有脊椎动物的20倍还多。人类和他们的家畜消费了地球可食用植物的40%，而其他700万个物种依靠剩下的生存。用生物学的话来说，人类通过占领其他物种的生态空间和使用地球的化石燃料储备，能够以瘟疫式的比例生存。

------

① Gary M. Tabor and A. Alonso Aguirre, "Ecosystem Health and Sentinel Species: Adding an Ecological Element to the Proverbial 'Canary in the Mineshaft'," *EcoHealth*, vol. 1, 2004, pp. 226 – 228.

② Chris D. Thomas, et al., "Extinction Risk from Climate Change," *Nature*, vol. 427, 2004, pp. 145 – 148.

③ Vaclav Smil, referred to in Fuller, et al., "Recent Declines in Populations of Woodland Birds in Britain: A Review of Possible Cause," *British Birds*, March 2005.

健康的生态

在第二章中，我们阐释了气候变化威胁人类健康和福祉的机制。气候变化和人口过密、污染，以及很多已经在本章前文详述的事件共同作用，破坏生命存在所必需的生态服务。2005 年，世界卫生组织发布了一份报告，《生态系统和人类安康：健康问题综合报告》。① 报告指出，大多数生态系统状况的衰败是不可持续的，并很可能导致不可逆转的变化。那些在生态系统服务减少中受到不利影响的人们极其脆弱，并且无力应对进一步的服务丧失。他们忍受着农业产量日益减少和供水不足的困扰，还承受着因气候变化而将长期持续的传染病的压力。这份报告正视了土壤损失、饥荒和冲突，这样，到 2050 年不能实现食品安全，也很难消灭儿童营养不良。

生态服务、人类健康和生存的概念很难让政治家和领导人接受，他们满脑子都是发展和创造工作机会。大多数领导者能够看到，过去 50 年在卫生、福祉和经济发展中取得了大量成果，但是他们不会认识到，这些成果对自然生态系统的改变比人类历史上任何相应时期都更快和更广泛。因此科学界的教育任务巨大。《千年生态系统评估报告》指出，环境变化和人类健康之间的因果联系是多维的。例如，砍伐森林可能会改变疾病模式，同样会改变当地和地区气候，从而潜在地影响传播疾病的昆虫。生态系统的

---

① A Report of the Millennium Ecosystem Assessment, *Ecosystem and Human Well-Being*: *Health Synthesis* (World Health Organization, Geneva, 2005).

瓦解可能会导致疾病的出现和重发，而像贫困这样的地方性因素，加上缺乏疫苗和其他预防药，可能会导致当地产生疾病和传播疾病。如果这些事件和与全球化有关的人类活动（例如国际贸易和旅游）结合起来，就可能出现全球性疾病流行，艾滋病的发展和蔓延就是例证，而像禽流感这样的新型传染病变种在人类中的出现则是潜在的例证。

例如，印度尼西亚每年用于土地清理的森林大火，造成了邻国的空气污染和新加坡公民的呼吸道疾病。印度尼西亚这种森林清理方式的生态后果是显见的，但也存在生态破坏问题，并导致了马来西亚的疾病。大火把带有尼帕病毒的蝙蝠赶到马来西亚。在那里，密集饲养的猪受到感染，然后病毒传给了人。

这些事件表明，每个事件都与其他事件共同作用，产生某种有时无法预料到的生态后果。对于生态学家来说，这并不奇怪，他们认识到，涉及复杂的联系，人类是地球生态系统的一部分。麦克迈克尔（A. J. McMichael）写到，"居民的健康主要是生态环境的产物：是人类社会和更广泛的环境——它的各种生态系统和其他生命支持服务——相互作用的产物。"① 我们又一次被迫认识到，当前社会的价值体系下不能提供健康的必要条件。我们是怎样走到这样的境地的？

灾难的起源

有人几十年前就预言了这场即将来临的危机。在《我们生态

---

① A. J. McMichael, *Human Frontiers, Environments and Disease: Past Patterns, Uncertain Futures* (Cambridge University Press, Cambridge, 2001), pp. xiv - xv.

危机的历史根源》① 中，琳恩·怀特（Lynn White）观察了人类在物种灭绝中的历史作用，例如，那些因狩猎和其他谋生活动引起的物种灭绝。但 1850 年后，科学和技术的结合向自然施加了巨大的力量。怀特把这种力量的使用和同时发生的民主革命联系起来，并问"民主世界能否在其自己造成的结果下生存。可能我们不会，除非我们重新思考我们的公理"②。四十年干预的回答很显然是我们不能重新思考，在这四十年中生态危机变得更糟。怀特认为，这种行动上的无能是由我们对自身本质和命运的信念决定的，也就是说，是由宗教决定的。在基督教对异教的胜利中，对自然界精神的安抚和尊重被一种对自然界的漠不关心取代了。"尽管有达尔文这样的人，在我们心中我们不是自然过程的一部分。我们高于自然，藐视自然，乐意为了我们最轻微的心血来潮而使用它。"③或许这就是为什么在复活的神创论的家乡——美国，对危机的否认最为强烈。上帝创造人作为自己的化身，而不是作为自然的一部分。人命名动物，并确立了对它们的优势，上帝为了人类的利益而策划了这些。然而，公平地说，已经有人做出令人信服的论证证明基督教不能统治自然，④ 并且已故教皇约翰·保罗二世（Pope John Paul II）支持自然环境的观点（见本书第八章）。

---

① L. White, "The Historical Roots of Our Ecological Crisis," *Science*, vol. 155, 1967, pp. 1203 – 1207.

② L. White, "The Historical Roots of Our Ecological Crisis," Science, vol. 155, 1967, p. 1205.

③ L. White, "The Historical Roots of Our Ecological Crisis," Science, vol. 155, 1967, p. 1205.

④ R. Bertel, K. Dyer, and B. Gray, "Is Christianity Green? A Critique of Some Accepted Views of the Relationship Between Christianity and Environmentalism: A Discussion Paper" (Mawson Graduate Centre for Environmental Studies, University of Adelaide, Australia, 1995).

　　还有一种可供选择的基督教哲学，这种哲学抛弃了阿西西的圣方济各的哲学，圣方济各主张所有生物都应谦卑和平等。而圣方济各只有对于生态学家来说仍然是一位守护神！怀特认为，我们的价值观浸染了基督教对自然的傲慢，基督教认为我们的命运取决于宗教的转变。我们当然赞同思想和价值观的转变是必要的，但是我们不会进一步讨论基督教对这场危机负多大责任。

　　我们得出的结论仍然只能是，在哲学上改变今天那种被自由民主制完全浸染的价值观是必需的。实际上，L. J. 佩罗曼（L. J. Perelman）就向可再生能源的必然过渡做出了相似的评论：社会需要改变它的价值观。

　　　　在短命的工业化和指数经济增长之前，社会长期保持和谐，工业化时期即将过去，此后社会仍将继续保持和谐。工业时代把社会团结起来的黏合剂是世俗的、现世的和物质的。在即将到来的转型中将要恢复的传统的社会黏合剂是宗教的、超越论的和精神的。[①]

　　今天，像克伦·阿姆斯特朗（Karen Armstrong）[②]这样的神学家继续思考社会对一种整体观的需求，这种整体观认为，我们所有人都平等地分享一种美好的生物学生命，而破坏它就会威胁所有人。在古代这些信念是宗教仪式和伦理实践的一部分，并且这

---

① L. J. Perelman, "Speculations on the Transition to Sustainable Energy," *Ethics*, vol. 90, April 1980, pp. 392–416.

② K. Armstrong, "Old World Order Redux," *Guardian Weekly*, December 23 – January 5, 2006.

些仍然存在于那些维护其土地的土著人身上。尝试着向那些其成功依赖于对公地的掠夺的公司董事们宣扬这些信念吧。

人口和生态足迹

每个个人都在消耗越来越多的资源，在地球上活动的个人越来越多，导致了对生物多样性以及它所提供的生态服务的破坏。联合国预言，到 2050 年世界人口会由当前的 60 亿增长到 89 亿。然而，这个数字可能被低估了，因为目前世界人口结构很年轻。[①]在达到 120 亿之后，世界人口可能才会稳定下来。通过使用"生态足迹"，我们有可能估计人口增长的影响。

生态足迹的定义是，"任何地方持续生产这一地方居住的人口所消费的所有资源和消纳这些人口所产生的所有废弃物，所需要的生产性土地和水体的总面积"[②]。目前，有 90 亿公顷（220 亿英亩）的生产性土地。如果这些土地平均分配，地球上的每个人会有 1.9 公顷（4.7 英亩）。然而，每个人需要 2.5 公顷（6.2 英亩）才能达到良好的生活水准。如果每个人拥有 2.5 公顷（6.2 英亩），那么地球就只能供养 35 亿人口。但地球现在已经有 60 亿人了！那这会怎么样？许多贫困人口的生态足迹很小，例如，每个莫桑比克人只有 0.47 公顷（1.2 英亩）的生产性土地。他们营养不良，并且为了生存而恶化他们的环境。相比之下，美国和澳大利亚的

[①] D. Pimentel and A. Wilson, "World Population, Agriculture, and Malnutrition," *World Watch Magazine*, Sept/Oct 2004, pp. 22 - 25.

[②] M. Wackernagel and W. Rees, *Our Ecological Footprint. Reducing Human Impact on the Earth* (New Society Publishers, Gabriola Island, BC, Cananda, 1996).

人均生态足迹是 10 公顷（24.7 英亩）。他们身躯肥胖，并且他们的肚腩和挥霍的生活方式正在蹂躏其他国家的环境。因此，世界的 60 亿人口总体上正在耗尽地球的生态资本。这就出现了这样的问题，地球怎样供养预期的 89 亿～120 亿人口。除非发达国家转向一种经济上可持续的生活方式，否则就无法供养。①

事实上，目前有足够的食品来供养世界 60 亿的人口；这是一个分配不适当的问题，分配不当让将近 10 亿人营养不良并易感染疾病。这 10 亿人的谋生活动破坏了环境。通过把在社会和环境上不恰当的耕种模式强加给发展中国家，富裕的人们也在破坏环境。因此，不论富人和穷人，60 亿人的所有活动导致了对生态服务的破坏。

至于农田，国际食物政策研究所估计，每年有 1.3% 的耕地受到侵蚀和盐碱化的破坏。用公制吨（2205 磅）来计算，每年每公顷（2.5 英亩）被侵蚀的表层土壤，美国是 10 吨，中国是 40 吨，在非洲和印度可能更高。如果我们把可用农田和人口联系起来，1960 年时，人均耕地是 0.5 公顷（1.2 英亩）；2004 年时是 0.23 公顷（0.57 英亩）。中国的人均耕地面积是 0.08 公顷（0.2 英亩），因而进口粮食。通过使用现代技术而不断增长的农作物出口可以被看成是一种不可持续的开采表层土的方式，而产量是通过毁林扩大的耕地来保持的。正如在第二章中的描述，当今的生产力高度依赖于石油提供的不可再生能源。

食物生产中另一个重要因素也应该考虑到。我们在第三章中描述了含水层和地表水的储量的迅速枯竭，与贫穷国家相比，发

---

① Ernst von Weizsacker, B. Amory Lovins, and L. Hunter Lovins, *Factor 4: Doubling Wealth-Halving Resource Use. The New Report to the Club of Rome* (Allen & Unwin, Sydney, Australia, 1997).

达国家在挥霍用水。气候变化的到来导致更多的干旱和更大的蒸发量，加剧了此一问题，并且可以越来越清楚地看到，食物生产将很快受到水资源的制约。灌溉农业使用了枯竭的河流和地下水储量的2/3。粮食种植通常用耗水量很大的高产作物品种。发展这些品种是为了在一定面积的土地上生产更多的食物，而没有考虑用水量。据估计，一个汉堡用水11000升（2860美制加仑），1千克大米用水2000~5000升（520~1320美制加仑），一杯咖啡用水2万升（5200美制加仑），而生产1升（0.26美制加仑）牛奶的饲料用水4000升（1040美制加仑）。① 的确，我们可能用足迹来描述对水的使用，就像我们描述土地的足迹那样。我们会发现，很快就将没有足够的水来生产日益增长的世界人口所需要的食物了。

消 费 未 来

本章中把生物多样性和人口与环境危机联系起来的原因是，它们代表了人类破坏环境的最终共同道路。日益增加的人口要求更多的土地、水和食物，他们的活动产生污染、退化和气候变化，正是这两方面的压力造成了危机。每一种人类活动都对其他物种产生了复杂的累积影响：城市扩张导致雨水污染河流，人们在敏感生态区域的居住导致了家畜、宠物和杂草的进入，花园杀虫剂的使用，洗碗剂，垃圾造成的土地污染，景观管理（砍伐树木），以及上千种其他的例子。

---

① J. Vidal, "Running on Empty," *Guardian Weekly*, September 29, 2006.

我们需要问两个基本问题。由于人口增长是这一危机中的关键因素，西方民主国家做了些什么？由于危机与一个以消费为基础的社会联系在一起，政府和企业为认识并减缓危机做了什么？

今天，除了美国以外，大部分自由民主国家的出生率低于或者处于更替水平。人口激增会出现在发展中国家。出生率的下降伴随着教育和发展，我们可以追问，是否有足够的援助使这种转型变成一种可持续的发展模式，但不是西方的发展模式，因为如果控制温室气体排放的话西方发展模式就是不可能的。由于援助的本质和缺乏，这种转型没有发生。此外，大部分国家不能兑现在 1994 年联合国开罗会议上作出的资助生育健康的承诺。在布什执政期间，美国减少了对发展中国家家庭计划的援助。相比之下，对人口增长采取最激进姿态的是中华人民共和国实行独生子女政策。激进政策在民主国家中失败了。例如，印度的输精管切除术计划涉及强迫问题；它针对的是不理解手术过程的穷人，并且几乎没有补偿。[①] 这是 1977 年甘地政府倒台的原因之一。然而，许多亚洲和拉丁美洲国家有着符合要求的家庭计划项目，但是它们缺少家庭计划实施的有效的教育和护理的资助。世界人口的增加是对人类的一个威胁，并且，富裕的民主国家并未优先资助家庭计划服务。

生态服务损失的罪责完全要由自由民主国家以及政府和社团主义的联盟来承担。现在，主导社会的牟利动机受到政府的保护，以致很难在现行的经济体制下看到任何补救。当利润受到威胁时，破坏环境仍然是正常的行为。我们会给出两个例子，但被记录下

---

① Susanne L. Cohen, *Vasectomy and National Family Planning Programs in Aaia and Latin America* (University Center for International Studies, Pittsburgh, 1996).

的可能有上千个例子。一个例子来自发达世界，另一个来自发展中世界。

在澳大利亚，一个关注环境破坏对人类健康影响的医学博士社团，给银行和金融机构写信，说它们所投资的公司对澳大利亚塔斯马尼亚州和其他州的原始森林的砍伐殆尽负有责任。它们清晰地列出了它们关注的科学和医学理由。每封回信都是，"在《公司法》下，基金管理业务的法律义务是无论何时都把客户的利益放在首位"。这是自由民主制造成的根本问题。利润优先于生态服务、气候变化和环保。接受和使用国家公司法，政府和企业负有直接责任；规避国家对其活动的限制和支持弱化环境因素的国际机构，国际金融机构负有责任。我们会在本文后面详细讨论这些问题。

在第二个情况中，促进出口带动型增长（通常是为了还债）和减少包括环境保护项目在内的政府支出，这些都助长了 15 个发展中国家中越来越多的伐林活动。[①] 森林砍伐的大部分研究都很复杂，这可以从对亚马逊雨林的研究上看出，亚马逊雨林构成了世界现存热带雨林的 2/5，并拥有很多对文明很重要的物种。亚马逊雨林的破坏有引起北美洲降雨减少的严重危险，并且还是全球变暖的一个主要原因。20 世纪，14% 的亚马逊森林遭到了砍伐，但只有 5% 有希望保持原始状态；42% 的森林会在未来 20 年中消失或严重退化。[②] 每年都会清除以色列面积大小的森林作为耕地。清除这些森林的压力来自于农业综合企业，因为需要生产大豆和牛肉来增加出口以还债。清理森林以开辟牧场受到了日益增长的

---

① American Lands Alliance Report, at http: //americanlands. org/imf_ report. htm.

② J. P. Silveira, et al. , "Development of the Brazilian Amazon," *Science*, vol. 292, June 1, 2001, pp. 1651 – 1654.

牛肉需要的刺激,对牛肉的需要来自俄罗斯、中国和波兰这样的国家,美国和欧洲也是一样。在巴西,牛的数量在 1990 ~ 2002 年间增加了一倍,而在 1998 ~ 2002 年间牛肉出口增加了 5 倍。清理森林是为了种植大豆,它是中国人的一个重要蛋白质来源,中国购买大豆是为了应对它的因工业发展和人口爆炸而导致的原先的食物自足的破坏。① 在本世纪初,巴西用 400 亿美元资助了 1 万千米(6200 英里)的高速公路的发展和水坝、矿产、气田和油田、运河、港口,以及伐木场的发展。② 最近,路易斯·伊纳西奥·卢拉·达席尔瓦总统的政府承诺将会支付 13500 万美元用于控制森林砍伐、制定更好的规划、阻止非法占用土地等活动。③ 但保护森林的需要继续受到一个为酒精燃料而生产甘蔗的重大项目的威胁。

这种情况的复杂性远远超过上文所描述的。巴西是一个追求发展的贫穷国家。它承受着自由民主国家的机构和自由贸易浪潮的经济压力。它把农业生产看成是一种迅速提高其现有生活水平的方式。富裕的发达国家要求保护亚马逊是合理的吗?这些国家自己的发展是以砍伐森林来刺激农业作为基础的,正是农业支撑着它们的发展。④ 在一个有着保护气候和生物多样性思潮的理想世界中,富裕国家应该给巴西保护亚马逊付款,下一步行动就是土地改革和已经清理出的土地升值。世界上的牛肉将减少,这本身

---

① Jonathon Watts, "A Hunger Eating up the World," *Guardian Weekly*, January 20 - 26, 2006.

② J. Vidal, "Brazil Sets Out on the Road to Oblivion," *Guardian Weekly*, July 19, 2001.

③ D. Kalmowitz, et al., *Hamburger Connection Fuels Amazon Destruction*, *Cattle Ranching and Deforestation in Brazil's Amazon* (Center for International Forestry Research, Bogor Barat, Indonesia, 2004)

④ B. Holmes, "The Amazon," *New Scientist*, September 21, 1996.

就是一种环境优势；富人将支付更多的钱，而且肯定会更健康。
巴西正在进行一个由自由民主国家的文化和经济支持的发展过程，
这是它能想到的能够改善其命运的唯一方法。这在一个全球化的
经济体制下别无选择。

问题出现了，如果巴西能够保持其森林，这是一种像环境优
势一样的经济优势吗？这个问题在罗恩·尼尔森（Ron Nielsen）
的评述中能够得到部分回答。[①] 据估计，提供给人类的生态服务平
均每年价值 31000 亿美元，这大约等于全球使用自然资源的总收
入。这证明自然的贡献是巨大的。然后我们会问，如果我们把一
个保持着受到最少干扰的自然环境转变为农业或渔业等人类工程
系统，那我们是损失还是获利了呢？转变导致严重的经济损失。
几乎毫无疑问，失去亚马逊森林对全体人类都是一场环境灾难，
并会使巴西受到全面的经济损失。

森林趋势是位于华盛顿特区的一个非政府组织，这一组织分
析了巴布亚新几内亚对热带雨林的破坏，这片雨林拥有世界上密
集程度最高的生物多样性。以马来西亚为基地的公司规避法律来
砍伐圆木，这些木材经过韩国、日本和中国的加工运往西方国家。
巴布亚新几内亚的政府也涉及其中。伐木公司"被允许无视巴布
亚新几内亚的法律，实际上在许多情况下得到优惠待遇，而让乡
村地区的穷人去承担一个基本上处于规范体系之外运营的产业的
社会和环境后果"[②]。除了中国，涉足这种破坏的国家都忠于民主

① Ron Nielsen, *The Little Green Handbook. A Guide to Critical Global Trends* (Scribe
Publications, Melbourne, 2005).

② *Logging, Legality and Livelihoods in Papua New Guinea: Synthesis of Official
Assessments of the Large-Scale Logging Industry* (Forest Trends, Washington, D. C.,
2006), at http://www.forest-trends.org/documents/pug/.

制，并且是涉案公司的东道国。日本和中国都认识到了在国内破坏森林的严重后果，但都参与了在贫穷国家的伐木活动。近几十年有许多控制非法伐木的建议。这些建议都失败了，如果价值体系和领导没有根本变化，失败很可能会继续。

尼尔·恩格哈特（Neal Englehart）[①] 对八个东南亚国家在1990～1995年间的森林采伐进行研究，他的研究阐明了民主和发展在森林损失中的作用。在最民主的两个国家菲律宾和泰国，森林采伐最严重，然后是马来西亚和柬埔寨，森林采伐率最低的是最为威权主义的国家缅甸、越南、老挝和印度尼西亚。现在，这四个国家的领导人还没有因为他们的环境背景而著名，我们也不能推论出威权主义国家保护森林。然而我们可以推论，民主国家会允许导致森林砍伐的更大的经济自由。这种自由也允许社会尽力保护森林，但每个民主国家中，在强大的企业利益面前这种反对都是弱小的。恩格哈特在泰国观察到，"许多竞争者之间分布的私人筹集的资金创造了高效率的公司，这些公司砍伐森林效率很高"[②]。我们不会用这一论据来主张东南亚现存的威权主义形态；我们意在说明，作为统治制度的自由民主制不能保护公地资源。我们会在下一章展开这一讨论。

许多民主国家尽管颁布了环保法律，但在可持续性上的表现不比在那些内乱和实行威权主义统治的国家所看到的好多少，这些国家内乱独裁，为了短期利益或购买武器而劫掠森林和野生动

[①] Neal Englehart, quoted in chapter 4 of James David Fahn, *A Land on Fine: The Environmental Consequences of the Southeast Asian Boom* (Westview Press, Boulder, CO, 2003).

[②] Neal Englehart, quoted in chapter 4 of James David Fahn, *A Land on Fine: The Environmental Consequences of the Southeast Asian Boom* (Westview Press, Boulder, CO, 2003), p. 117.

物。我们看到，在布什执政期间或者面对企业实体的司法挑战，法律的作用可能被削弱。自由民主就是一种建立在文化和意识形态上的掠夺的民主自由。

因此，结论是社会有三种选择。首先，照旧继续；这种选择包括通过把货币价值应用到生态服务上进一步完善市场力量以及发展绿色会计和交易计划以确立对公地的权利。① 由于认识到受贪婪动机驱动的市场体系越来越不能正确地评价环境的价值，我们要问，这些发展是否有能力阻止破坏。其次，民主国家必须认识到，它们主张的是一个必须转变为生态中心社会的人类中心社会，对这一问题思考到这一步同时还要反思再教育、当前财富、经济增长、既得利益和政治权力。民主国家在现实中可能做出这一选择吗？不可能，但作为对悲剧和一个新的世界秩序的回应，这一选择最终会成为现实。最后，第三种选择是，政府严格执行生态要求。这种选择认识到，如果对人类影响环境的所有活动没有严格的法律控制，生态服务幸存的机会很小。这种选择可能会被今天的自由社会认为是极权主义，但这可能是我们唯一的解决办法。

拯 救 日 本

我们在第八章要问的是，威权主义的专家政治统治能否通过实行必要的解决办法，来抑制地球的生态恶化。历史上曾有过环

---

① "Rescuing Environmentalism Market Force Could Prove the Environment's Best Friend—If Only Greens Could Learn to Love Them," *The Economist*, April 23, 2005.

境恶化威胁文明本质的例子，但在坚定的威权统治下被扭转。杰拉德·戴蒙德（Jared Diamond）① 在他对失败或幸存的社会的分析中，描述了坚定的威权主义统治者对日本毁灭性的森林采伐的扭转。17 世纪中期，日本在几十年的内战之后变得和平、繁荣并自给自足。人口爆炸和经济爆炸，大大加速了木材的砍伐，以用来建造房屋、城堡和船只，以及作为家庭和工业的燃料和作物的覆盖物。幕府将军是世袭的统治者，他们认识到了水土流失的环境后果和阻止一种迅速减少的资源衰退的需要。他们看到了对他们文明结构的威胁，此后 200 年内，颁布了一系列复杂的在日本重造森林的措施。他们引进了由法官和武装警卫维持的、严密的林地管理体制。通过与每个家庭单独签订契约，森林成为一个为了每个村庄社区利益而得到持续管理的公地系统。高速公路上的哨所检查运输的木材以确保规定的遵守，而且为了避免浪费，所有的木材都被分级并分配作特定用途。造林科学产生并在全县得到统一制度和方法的支持。所有这些都是在一个和平社会中的威权统治下完成的。把这些事件和那些自由民主国家的事件进行对比是很有趣的，以塔斯马尼亚为例，政府、产业和工人这些天然森林的利益相关者不顾国际社会的长期利益联合起来掠夺森林。

我们能从日本的重造森林中学习到什么教益？戴蒙德指出，这些有远见的行为是这样一个社会进行的，这个社会在日本之外就成了环境的破坏者，所以这不是因为受到了儒学影响。或许是由于认识到了自身利益，因为木材被认为是至关重要的，而且也是因为世袭统治者认识到了保护未来统治者——他们的后代——

---

① Jared Diamond, *Collapse: How Societies Choose to Fail or Survive* (Penguin Books, New York, 2005).

的需要的重要性。这并不是说认识到了长期利益的领导者不会屈从于短期利润，这已经成为民主领导者的一个特点。但它提出了这样的问题，日本的恢复是否可以在今天的自由民主制下实现。或许对人类未来至关重要的真正重大决策是最好强行实施的，我们需要找到一种能做到这些的统治形式。因此，我们断言气候变化会决定自由民主的未来。这并不是要否定某些情况下对环境资源实行自下而上的民主管理是不重要的，而且戴蒙德举出了很多随着时间推移而发展出来的和今天正在使用的例子。有趣的是，它们包括瑞士阿尔卑斯山区村庄、西班牙和菲律宾的小型农村社区的微观管理。

第五章
你认为民主是什么，它就是什么

当英国人想象他们是自由的时候，他们是在欺骗自己；事实上，只有在选举国会议员期间，他们才是自由的。因为，一旦选出了一名新议员，他们就又会被套上锁链，就什么也不是了。因此，由于他们使用他们短暂的自由瞬间的方式，他们活该失去它。

——让-雅克·卢梭

柏拉图的凶兽

人们常常保卫民主，但很少有人给它下定义或对它进行解释。最著名的定义是亚伯拉罕·林肯（Abraham Lincoln）的——"民有，民治，民享"的政府。但是，"人民"可以指部分或全部的人们，而且，政府可以有人们参与程度的不同。通常，政府由选出的代表组成，他们为他们自己的利益行动，却强调是为了全体人民进行统治。民主已经成了自利的运动场，并且可能向来都是这样的。约瑟夫·斯蒂格利茨（Joseph Stiglitz）注意到，很少有人认为一个人应该能够出售自己的选票，但，

> 通过媒体，选票被间接地买卖。人们必须变得见多识广，具有坚定的信仰，不怕麻烦去投票，甚至被人带到投票站，这些都要花钱。这就是选战捐款如此重要的原因。但捐款的个人期待某些回馈，捐款的公司甚至尤其如此。他们在购买政府的支持。①

我们因此认为，民主是有严重缺陷的。当民主在古希腊产生的时候，柏拉图就认识到了这一点。柏拉图认为选民的形象是"凶兽"，一个需要凶兽看管人——政治家——迎合的凶兽。选举变成了对选民的慷慨承诺。这是为什么今天关于真正可持续性的重要决定没有做出的一个根本原因。我们再一次提醒读者，除非自由民主制能够成功解决这个问题，否则它的存在就没有合理性。

熟读当今谈及民主及相关问题的文本，会让人明白定义的问题。每个人从他们自己的社会观出发看待民主。你认为民主是什么，它就是什么，或者看起来像什么。诺瑞娜·赫兹（Noreena Hertz）在她的书《无声的并购》② 中，关注了社团主义对民主体制造成的危害，但

---

① Joseph Stiglitz, *The Roaring Nineties*, *Why We're Paying the Price for the Greediest Decade in History* (Penguin Books, London, 2003), pp. 198 – 199.

② N. Hertz, *The Silent Takeover*: *Global Capitalism and the Death of Democracy* (William Heinemann, London, 2001).

她从未考虑民主制度为何是个好东西以及民主制度到底是什么东西。

乔治·蒙比奥特（George Monbiot）在《意见一致的时代》①中，希望看到从全球性民主革命中产生的世界新秩序。他提供了这样的民主定义："一种统治形式，在这种统治形式下，统治权理论上属于人民，人们的权利平等，大多数人的意愿通过互相竞争的候选人和政党之间的选举得以表达和执行。"② 蒙比奥特的民主定义是有缺点的，它没有告诉我们大多数人的意愿是如何通过选举表达和实行的。蒙比奥特是一个忠诚的环境主义者，面对民主不能阻止全球环境恶化的证据，他希望一个更具有参与性的民主。与柏拉图相反，蒙比奥特认为可以相信人类本质能够挽回局面。我们不同意这一点。

诺贝尔经济学奖获得者斯蒂格利茨，把高效的民主等同于市场的功能，"如果我们的民主想起作用，公民必须理解我们社会面临的基本问题以及他们政府的工作方式。而且，对于大多数人来说，没有什么问题比关于我们经济的问题和关于市场与政府之间关系的问题更重要了"③。或许是这样，但这并没有告诉我们民主到底是什么，以及为什么在世界范围内推广它值得流血。

民主的形式

人们设计了可能实现民主的种种方式。在直接民主或参与式

---

① G. Monbiot, *The Age of Consent: A Manifesto for a New World Order* (Flamingo/Harper Collins Publishers, London, 2003).

② G. Monbiot, *The Age of Consent: A Manifesto for a New World Order* (Flamingo/Harper Collins Publishers, London, 2003), p. 25.

③ Stiglitz, *The Roaring Nineties, Why We're Paying the Price for the Greediest Decade in History* (Penguin Books, London, 2003), p. xxxviii.

民主的体制中，所有人对每个问题进行投票，希望所有法律都能通过。在代议制民主中，一切决策权都交给当选者。我们首先来探讨参与式民主。据说是全体一致的统治创造了一个合法社会，因为人们普遍赞同社会的法律。但是，只有当投票社区的所有成员一致同意一件事情的时候，这个制度才能有效运行；否则，根据定义这个体系就是失败的。仅仅一个"不"就能击败这个体制。因此，在所有的辩论和审议之后，对法律达成最终的一致意见是必须的。这种民主体制是在古希腊和古罗马发展起来的，在当时，人们聚集在一起开会、讨论和做决定。对柏拉图来说，这就是暴民的专制，并且迟早会侵犯人的自由。这被正确地描述为"暴民政治"。如果这种民主形式有任何运行的机会的话，为了在当今复杂的社会中有效运行，就需要利用家用电脑投票。退一步说，在我们生活的高度复杂的社会中，任何事情都能够达成一致同意是值得怀疑的。

然而，一些国家确实存在初级民主的元素。瑞士的一些州有做决定的公民大会，并且在整个瑞士联邦都能针对政府提案发起全民投票。瑞士统治体制似乎是有效的和稳定的，我们将会简单地探讨一下，因为它标志着直接民主和代议制民主的混合。虽然，瑞士制度是一种代议制民主形式，在这个关键分析中，我们首要的重点是直接民主的局限性，并且我们将会注意瑞士体制中的这个方面。我们将会在本章的后面展开对代议制民主的批评。

瑞士体制是一种联邦体制，这意味着在宪法上权力是在联邦和州政府［在瑞士是郡（canton）］之间进行分割的，这样，每个权力机构都负有在一定的范围行使一系列职能的责任或者都负有司法责任。在瑞士，联邦政府在不归属郡权力机构的问题上，拥有对郡的统治权。瑞士的政治体制像美国和澳大利亚的体制那样，有两个议院，一个众议院，一个参议院。

瑞士体制中有趣的是公民票决的使用。郡和议员都有向议会提交动议的权利，无论是作为议案，还是作为瑞士宪法的修正案。另外，如果全民投票否决了提案，提案就不能成为法律。如果宣布法令的 100 天内有 5 万选民签名反对这项法律就能发起全民投票。或者，如果有 8 个郡反对修正案，就可以举行全民投票。

人民动议要想成功，需要多数的普选票，还需要多数郡的支持。基于比例代表制的原则，小郡居民的投票比大郡居民的投票重要。这种选举制度希望通过根据记录的总投票比例来分配席位以确保立法机关能够代表少数人。一个非比例代表制可能在一个选区中剥夺将近一半选民的公民权，在有些选举制度中，甚至是剥夺大部分人的公民权。比例代表制的消极面是，它可能会导致少数人的暴政。例如，瑞士德语小郡拥有否决权，以至于如果德语少数民族郡反对一个提案，即使大部分的瑞士选民接受，这个提案也会失败。

这就产生了第一个民主悖论：需要防止多数压迫少数，但体制也需要防止少数压迫多数。少数人可能仅仅因为自私的目的，坚持反对服务于公共利益的必要的环境法律。直接民主在论著中似乎是一个好主意，但在实践中，它经常会导致社会倒退的结果；例如，瑞士只是在 20 世纪 70 年代才赋予女性选举权。

我们来考察一下多数人统治。根据多数人统治的原则，当选民意见分歧时，就进行投票，一人一票，多数票获胜。大多数的民主理论包括多数人统治，认为如果多数人赞同法律，那么由于法律在某种意义上是人民的声音，所以所有人都必须遵守。这个体制有明显问题。为什么少数人应该接受他们投票反对的法律？通常的答案是，因为少数人接受了多数民主的制度，所以他们必须忍受结果。任何情况下，多数人至少可能用暴力统治。而且，多数人制度可能是对抗权力精英的专制统治的最好保障，民主理论家们大致就是这样论证的。

多数人统治：赞成者占多数

为了对多数人统治原则展开批判，我们首先谈谈美国哲学家罗伯特·保罗·沃尔夫（Robert Paul Wolff）。在他《捍卫无政府主义》[①] 一书中，沃尔夫开始证明民主理论不能提供一个让个人服从国家的可靠道德理由。个人自主权的丧失（例如，个人自由）是这一情况的原因。沃尔夫推论到，一个人必须要么拒斥自主的价值，要么就是得出所有形式的政府都是非法的结论，这是无政府主义理论需要的，也是沃尔夫对这个问题的解答。通过引进政治的根本问题——权威问题，沃尔夫开始了他的论证。由于国家声称拥有命令和命令必须被遵守的权力，国家往往限制个人自由，像国家这样的威权实体的存在如何和人的自主权相和解？民主理论试图解决政治的这一根本问题，这些理论声称，自由要求人们不服从于他人，因为如果人们统治自己，那么个人就既是统治者又是被统治者。

为了捍卫民主，有人论证说，少数人应该接受这种体制，因为民主促进了所有人的福利。然而，福利整体得到改善的观点并不能把民主和仁慈的独裁有效地区分开来，仁慈的独裁也可能促进所有人的福利。温斯顿·丘吉尔（Winston Churchill）有句名言，

---

① R. P. Wolff, *In Defense of Anarchism* (Harper and Row, New York, 1970).

"除了其他所有政府形式，民主是最坏的政府形式"①，沃尔夫对这句话的回应是，如果是这样的话，那么美国、澳大利亚和其他西方国家的公民"就像佛朗哥统治之下的西班牙人和斯大林统治之下的俄罗斯人一样，都屈从于一个外在力量"②。他们只是在他们的统治者这一方面更幸运罢了。

多数人统治民主的支持者有时试图用所谓的社会契约论来证明他们制度的正确性。简而言之，这种思想的内容是，每个人都承诺（即立约）遵守多数统治，因此，有义务遵守多数统治。换句话说，通过一些通常是不明不白的方式，我们已经同意接受多数统治。但是，我们已经承诺遵守多数统治了吗？这是一种少数人不知何故同意接受多数人的决定的情况吗？当然，这不是一个历史事实问题。在这一问题上，我们没有一个人会欣然与国家签署任何种类的明确的"在虚线上签名"的契约，即使是口头的契约。但民主的支持者说，生活在这样的一个制度下并享受它的好处，就是默认接受多数人统治体制。你生活在这个社会里，你受益，所以你必须接受这个制度。但是，这也不是为什么多数人统治的民主制度作为一个整体应该被接受的答案。问题仍然存在：如果多数人决定的需要涉及放弃个人自由，为什么应该遵守这种体制？人们可以争辩说，少数人并没有获益，事实上他们的利益受到损害。因此，为什么我们应该服从多数决定的根本问题并没有得到解决。

更进一步，社会契约论可以被用来证明其他非民主的统治体制的合法性，因此不仅仅证明民主的合法性。③ 例如，相同的论证

---

① K. Jasiewicz, "The Churchill Hypothesis," *Journal of Democracy*, vol. 10, no. 3, 1999, p. 169.

② Wolff, *In Defense of Anarchism* (Harper and Row, New York, 1970), p. 40.

③ Wolff, *In Defense of Anarchism* (Harper and Row, New York, 1970), pp. 42 – 43.

方式可以用来证明那些生活在独裁统治下的国民顺从的合法性。

沃尔夫还观察到，多数统治的原则面临着挑战其自身一致性的投票悖论。自从沃尔夫的书在 1970 年出版以后，人们撰写了许多关于这一主题的著作，而我们只要简单谈一下社会选择领域的悖论，就会为多数人统治民主的棺材钉上最后一颗钉子。

柏拉图的《理想国》中最先阐释了民主制不一致或自我破坏的思想，他宣称，民主制导致专制。美国的国父们也害怕民主制向专制演变的可能性。1933 年，当 60% 的选民把国家社会党选上台后，德国的自由民主制确实产生了专制。在随后的章节中，我们将会讨论社团主义在创造纳粹专制中的作用，以及由于人类天生接受权威导致的所有民主制变成威权统治的内在趋势。

民主制并没有在德国存在很长时间。卡尔·波普尔（Karl Popper）在反思这种情况时，描述了一种"民主制悖论"：

> 那些视多数人统治或类似的统治原则为政治信条的基础的民主主义者处于尴尬的境地。一方面，他们所采纳的这个原则要求他们只能赞成多数人统治而反对其他形式的统治，因而赞成新的专制君主；在另一方面，这一原则又要求他们应当接受一切由多数人达成的协定，因此（多数人提出的）新的专制统治也不例外。他们理论的非一致性，必然使他们的行动苍白无力。[1]

法国社会数学家安东尼·孔多塞（Antoine Condorcet）（1743～1794）最先认识到，通过多数人投票程序的方式来实现"人民意志"

---

[1] K. R. Popper, *The Open Society and Its Enemies*, vol. 1, 5th edition (Routledge and Kegan Paul, London, 1996), p. 123.

或社会集体选择的思想导致悖论。为了对付这种矛盾，社会数学家们开始用数学和符号逻辑学把社会选择领域公式化，多数人统治是社会选择领域的一部分。一种自明的理论——意思是一种理论具有一系列明确的、能够列成单子的基本假设——被构建起来，以便描述自由选择理论是什么。这样，第一公理或假设是集体理性，社会的集体偏好可能会来自个人偏好排序。这看似足够正确，因为就自由主义而言，一切存在都是个体。其他三个假设更多是技术性的，我们在本文不再进行总结。然而，这些假设被认为具有直觉的显然性。

数学家肯尼思·阿罗（Kenneth Arrow）表明，那些非常基础的假设导致悖论。一个社会采用任何投票方法，都不能在一些选项中做出不与个人的偏好额度表达相冲突的选择。民主导致独裁！[①] 而且这种最令人失望的结果是由数学逻辑证明了的，这简直是在伤口上撒盐。所有通过改变基本假设而阐述一种似乎正确的自由理论的企图，都会引起其他批评家设想精妙的悖论。[②]

所有这些是自由民主理论的主要问题，因为缜密的数学方法已经表明理论是不一致的或自相矛盾的。因此，应该拒斥多数人统治的原则成为获得民主理论家们虚幻的人民意愿的普遍有效的方法。

代表的问题

民主理论家认为通过代议制民主的多数人统治可以克服直接

[①] See M. D. Resnick, *Choices* (University of Minnesota Press, Minneapolis, 1987); A. Weale, "The Impossibility of Liberal Egalitarianism," *Analysis*, vol. 40, 1980, pp. 13 – 19.

[②] See J. S. Kelly, *Arrow Impossibility Theorems* (Academic Press, New York, 1978).

民主的混乱和不足。在代议制民主中，一部分或全体人民投票选出政党推荐的代表。当选之后，多数党组成政府。政府领导人通常是获胜政党的领导人，但在美国，总统由人们直接选出。这是一种多数人统治。多数人制定法律，所有人必须遵守，由于各种原因，多数人的决定约束着少数人。

当作者在本书的其他部分提到"民主"时，我们指的是西方发达国家中的代议制民主形式。我们已经看到多数人民主面临严重的问题。现在，我们来考察代议制民主，对所有人来说其主要缺陷是很明显的。民主投票日之后是三或四年的仁慈独裁，也有可能不是那么仁慈的独裁，可能宣战、破坏环境和出卖公共资产，所有这一切都是以公民的名义，而不提到选民。选民曾经沉溺于"一夜情"，然后在接着的三年中还是过着独身的民主生活。因此，在这个体制中，人们通过选举的方式，把所有决定权授予了所谓的代表，据说这些代表代表的是人民的意愿，不管人民意愿的意思是什么。然而，代表投票时往往没有一个关于未来投票议题的人民偏好的单子，因此他们是在对他们觉得合适的议题进行投票。据说，这种体制不同于有期限的独裁，因为统治者是由人民从人民中选出的，人们期望他们为人民的利益行动，并且受制于罢免和选举。简单地说，我们把他们放在那里，并能移开他们，民主的辩护者就是这样论证的。

在第四章中，我们讨论了保留地球森林的重要性以及自由民主国家在这些事情上的失败。我们来看一个例子：最民主的自由民主国家把极其严谨的比例代表制作为代议制民主的一部分。塔斯马尼亚是富裕的西方化了的澳大利亚的一个州，它就是这种体制。在那里，似乎人民意志就是为了出口木芯，继续破坏塔斯马尼亚的成熟林。两个主要政党都支持这种行为，所以不管哪个政党执政，破坏都在继续。然而，民意调查表明大多数居民希望保护森林，而他们的观点得到了一个小党——绿党的支持。绿党没有获得政权，因为它的政纲的其他方面不吸引选民，还因为主要政党通过选举中的投票偏好排挤了它。就世界的未来需要而言，在塔斯马尼亚，代议制民主就是环境破坏在违背人民意愿的情况下得以计划并实施的手段。

还是公地悲剧

然而，在大多数情况下，正是自由民主制的个人主义所培育的人民的意愿，威胁着作为一种资源的环境。现在我们有必要更详细地阐释贾瑞特·哈丁（Garrett Hardin）在其 1968 年发表在《科学》杂志上的开创性论文《公地悲剧》中的主题。[①] 这篇论文揭示了使得民主制不可持续的缺陷。盎格鲁—撒克逊文化的公地就是向所有村民的牲畜开放的牧场。哈丁解释说：

> 作为理性存在，每个牧人都希望收获最大化。他会明确地或者含蓄地、一定程度上有意识地问"在我的牧群中多加一头动物对我有什么作用"。这种作用有积极成分和消极成分。积极成分是一只动物的增加。由于放牧人从额外动物的出售中获得所有的收益，积极作用几乎就是 +1。消极成分是多出的一头动物导致的额外过度放牧的影响。然而，由于所

---

① G. Hardin, "The Tragedy of the Commons," *Science*, vol. 112, 1968, pp. 1243 - 1248.

有的牧人都分担了过度放牧的影响，对于作出决定的特定牧人来说，负面作用只是 -1 的一小部分。每个放牧人都推论说在他的牧群中加上另外一头动物是明智的，然后再加一头，没完没了。于是那里就发生了悲剧，在一个有限的世界中，环境公地上的自由带来的是所有人的毁灭。①

"世界公地"是人类健康和福祉所必需的陆地、海洋、空气和淡水等资源的稳定性。我们现在对哈丁预言的"所有人的毁灭"有一个清晰的认识。这是对本世纪预言的上述所有问题的汇合，这些问题是，人口增长、资源枯竭和气候变化的破坏。我们所有的问题都能置于公地的背景下来考察。

因此，我们认为破坏规则是为了个人的利益，这种规则可能是为了所有牧人和资源的继续存在而制定的。只有在他或她知道所有其他人都会遵守时，个人才会表现得贪得无厌。规则必须强有力且不容侵犯，以便制止个人理性和公共利益之间的冲突，即使这样也必须有惩罚以确保服从。民主制受到指控是因为它不能保护公地。我们发现民主国家的行为方式和个人一样（例如，第一章中讨论的欧盟关于捕鱼的决定）。因此，个人和国家的行为方式都是个人理性的但却是破坏环境的。像美国这样的国家可能会因为它有直接的经济利益，而决定继续用温室气体污染公地，因而对所有其他国家构成损害。在欧盟的情况中，尽管认识到捕鱼是不可持续的，出于短期利益（例如，就业稳定）仍要继续捕鱼活动。除非能够解决这个问题来保护一个可持续的世界，否则自由民主或民族国家就没有存在的理由。应该有一个政府，而我们

---

① G. Hardin, "The Tragedy of the Commons," *Science*, vol. 112, 1968, p. 1244.

在第八章的论证将使得这个政府成为威权主义的。

公地之所以不能得到保护，还有其他有说服力的原因，这些原因在下一章将得到阐明。它们和自由民主制和社团主义之间的相互依赖有关。民主的正面是环境法律和环境保护，但是当一个企业总是需要一种资源时，它就会得到这种资源，法律就会被改变，例外就会产生，规则就会被扭曲，因为当选代表组成的政府的自身利益是让人们有工作并收税。每个时期这种侵犯都在坚持不懈地进行着。

那些反对民主的人

法国政治思想家让－雅克·卢梭（1712～1778）在《社会契约论》中用下面的论证来反对古典代议制民主：

> 正如主权是不能转让的，同理，主权也是不能代表的；主权在本质上是由公意所构成的，而意志又是绝不可以代表的；它只能是同一个意志，或者是另一个意志，而绝不能有什么中间的东西。因此人民的议员就不是、也不可能是人民的代表，他们只不过是人民的办事员罢了；他们并不能作出任何肯定的决定。凡是不曾为人民所亲自批准的法律，都是无效的；那根本就不是法律。①

换句话说，代表制本身就存在根本问题。即使在理想情况下，如果有很多议题，并且每个议题可以采取很多立场，那么政治纲

---

① J. Rousseau, *The Social Contract*, BK. III, CH. 15, 1762.

领的排列总是多于候选人的数量。代表制就不能成立。

最近，戈登·格雷厄姆（Gordon Graham）在《反对民主国家的理由》①中对民主国家展开了全面批判。他认为所有证明国家正当性的标准证明都失败了。格雷厄姆不接受根本不应该有国家的无政府主义思想，但是选择了保留投票作为一种纯粹表达活动的共和主义。他令人信服地论证到，在大众社会中，由于种种原因投票本身是无力的，真正的代表只是一个错觉。格雷厄姆认为，为了提供市场并不提供的公共物品，国家是必须的。

相反，沃尔夫通过接受无政府主义的认为政府不必要、不合法教义，做出了他对民主制的批评。他认为必须接受个人自主的原则，否则公民就不过是孩童。

汉斯－赫尔曼·霍普（Hans-Hermann Hoppe）在《民主：失败的上帝》②中，采用了沃尔夫和格雷厄姆的论据及其逻辑结论。霍普是一名"无政府主义资本主义者"，这意味着他认为国家是不合理且不必要的（无政府主义），并且资本主义制度在任何情况下都能够做到国家所做的同样工作，但会做得更好。他是从"奥地利经济学派"的视角进行写作的，这一学派所持的立场认为自由市场能够解决大多数的经济和社会问题。

我们在这本书中反对这样的世界观，并且不会再重复我们的论点，但我们概括我们的观点要说，无政府主义资本主义对市场机制的信仰就像共产主义对人性善良的信仰一样幼稚。

---

① Gordon Graham, *The Case Against the Democratic State* (Imprint Academic, Charlottesville, VA, 2002).

② Hans-Hermann Hoppe, *Democracy: The God that Failed: The Economics and Politics of Monarchy, Democracy, and Natural Order* (Transaction Publishers, New Brunswick, NJ, 2001).

无政府主义者的错误在于，他们设想在没有某种形式或形态的国家的情况下，社会秩序能够得到维持。格雷厄姆认为人们天生渴望社会秩序，并认为冲突和犯罪只是少数事件。美国城市出现的每次大面积断电都在反驳那种幼稚的人性观点。掠夺和犯罪增加。非洲之角的失败国家中的社会混乱和死亡表明，在无政府状态下，"国家"仍然会出现——军阀的统治。

霍普是回应这种批评的几个无政府主义者之一。他支持武装公民的思想，这很像在拓荒之前的美国西部，每个人的屁股上都有一支枪。保险公司通过向武装或受过训练的客户提供较低的保险费来鼓励持枪权。对于霍普来说，保险公司代替了政府。它们会成为保卫机关，并会努力阻止犯罪的掠夺行为，这可能是逮捕和惩罚那些对破坏负有责任的人。但现在的问题是，很可能会有多个互相竞争的保险公司——同样也会有黑手党式的保安组织，这些组织通过进行没有国家作为裁判的竞争，将会以拓荒之前的美国西部模式来解决问题。嘿，社会混乱。这就是未来的美国吗？

尽管我们拒绝霍普对国家的批评，但在我们看来，他对民主的主要批评是可靠的。民主导致社会腐败，这是因为，除了一些例外，政治家们是短期利益的看护人和求职者，并且他们只关注下一次的选举。作为一个经济学家，霍普看到这会导致大量的公债。我们要加上一个根本得多的问题——它也会导致公地悲剧问题，同样会导致环境破坏。

结　论

我们拒斥作为自由主义的基础信念的自主原则，在这一点上

我们的立场也不同于沃尔夫和其他无政府主义者。这本书的论点
是，自由主义实质上是过分强调了行为自由和权利自由①。的确，
行为自由和权利自由是很重要的价值，但是这样的价值决不是根
本或最高价值。我们认为那些基于人类生态哲学的核心价值观是：
生存和生态系统的和谐，与这种价值相比，行为自由和权利自由
价值的地位要低得多。没有这种价值，自由和自主这样的价值就
根本没有意义。如果一个人不能活着，他就不能有自由。事实上，
自由主义的自由实质上预设了一种可持续生命的思想，否则自由
主义社会世界能拥有的唯一自由就是在一个受到污染的环境中覆
灭。

　　价值的问题使得人们质疑西方的世界观，或者更具体地说，
可能要质疑源自盎格鲁—撒克逊发展出来的观点。人们注意到，
新保守主义的先驱塞缪尔·亨廷顿（Samuel Huntington）信奉的
"文明冲突"的思想，导致了许多反对和支持。亨廷顿的分析包括
"西方普世主义、穆斯林世界和中国主张"之间的潜在冲突。② 这
些分歧以文化传承为基础。在这个世界中，敌人对于寻找认同的
人们来说是必要的，并且最严重的冲突在于世界上主要文明的碰
撞。但愿这种观点能被人们抛在一边，因为人类再没有时间耽于
非理性的仇恨了。重要的碰撞将不是文明之间的，而是价值之间
的。裂纹线切割了所有的文明。这是环保主义者和消费者之间的
价值碰撞。本书对后者做了详细描述。他们从经济上控制世界，
而且他们的思想排斥了对世界未来的真实关怀。现在的环保主义

---

① 这里的原文是 freedom and liberty，译文试图用这两个词组区分这两个词。——
译者注

② Samuel P. Huntington, *The Clash of Civilizations and the Remaking of World Order*
(Simon &Schuster, New York, 1996).

者是没有权力的各种人的混合，这些人有科学家、环保主义者、农耕和谋生群体，以及具有各种宗教信仰的人们，包括右翼神创论的认为上帝希望自己创造的世界能够得到看护的少数人。他们认识到了环境危险，并把消除这些危险作为人类最重要的工作。为了思想而不是为了自由民主制而奋斗将决定世界人口的未来。如果环保思想获胜，它就可能以共同的事业把人类团结起来，并治愈文化的裂纹线。

在随后的两章中，我们会进一步展开对自由民主制的批评，我们首先认为，由于人类天生的心理和全球公司资本主义对民主制度的削弱，民主已经到达了终点。我们将会发现，全球公司资本主义已成为柏拉图的凶兽，而迎合凶兽的看管人则变成了民主制政府。不管本章的论证正确与否，事情就是这样。在第七章中，我们会更仔细地观察自由主义本身，并详细阐述它的哲学错误。这将会完善我们对自由民主制进行的哲学和生态学等多方面的分析。我们已经揭露了木乃伊裹尸布下面藏着的东西，我们还要去寻找一种替代体制，并探讨自由民主制是否可以通过激进改革或者政治外科手术来挽救，或者一个旧的上帝力量是否能够使民主从其自我毁灭的坟墓中复活。

第六章
政治的终结

> 民主制……是一种迷人的政府形式，变化多端、杂乱无章，给同等者和不同等者都分配以某种形式的平等。
>
> ——柏拉图

观 点 综 述

本章我们将要简要概括民主制失灵的原因以及我们认为传统的自由民主政治已经走到尽头的原因。相关观点有两个。第一，即使各种功能性民主是可能的，却有众多的力量企图去腐蚀它们，并阻碍它们去真正代表人民的呼声。现代自由民主制是以金融、媒体、商业和军队为基础的，各种强势精英集团在其中居于统治地位；它们都有自己的算盘，并没有推进它们之间的共同利益。考虑到这种权力结构和不平等，民主只是一种幻象，在这些精英们看来，普通大众被剥削是理所应当的。澳大利亚记者保罗·希汉（Paul Sheehan）在《电子妓院》（*The Electronic Whorehouse*）[1]一书中描绘了政客们和媒体以最为明目张胆的方式欺骗澳大利亚人的景象。有人引用了作家兼前特工约翰·勒·卡雷（John Le Carre）对希汉的话："我想我们是在和章鱼式的东西打交道。广告成了新闻。广告做得很巧妙。征服媒体的方法，即讲故事的技巧已经达到了这样一种水平，现在欺骗我们这些普通公众的方式之精致，是此前从未达到过的。"[2]

衰退的证据表现在很多方面：投票人对政治事务的兴趣下降，除非那些议题直接影响到他们的钱包和钱夹；投票人数减少；在许多西方民主国家，政客们的声誉和二手车销售商一样，居于信用等级的底部。恐惧的灌输和消极广告已经代替了那些致力于为社会未来的可持续性提供希望的政策。对于那些真正思考问题的人来说，他们清醒地认识到，政策是以社区票决为基础的，是由政客们的个人利益决定的。

2007 年初澳大利亚发生的事件是一个典型案例。霍华德政府当政的十年中，对气候变化表现出明显的怀疑态度，在它们的思想中，气候变化只是被视为一种环境问题，而且是有疑问的。政府政策受化石燃料工业的影响很大，而替代能源却相对受到忽视。艾伯特·戈尔（Al Gore）到澳大利亚访问，宣传他关于气候变化的电影《令人头疼的真相》，约翰·霍华德拒绝接见他，霍华德政

---

[1] Paul Sheehan, *The Electronic Whorehouse* (Pan Macmillan, 2003).

[2] Le Carre, cited by Sheehan, *The Electronic Whorehouse* (Pan Macmillan, 2003), p. 34.

府的工业部长用"娱乐"一词来描述这部电影。接下来的三件事情改变了这种状况。澳大利亚经受了未曾有过的最严重干旱，政府中有影响的农业部门开始表示，这次灾难与气候变化有关。一系列民意调查显示，绝大多数选民对环境变化表示深切关注。接着《斯特恩报告》（Stern Review）公布。民意调查使得配套政策成为必要，大量关于太阳能和需要核能以便提供技术补救的言论发表，因为它们是"清洁的绿色的"。十多年时间里对环境变化持怀疑态度的部长们，忽然变成了关于气候变化、气候变化的危险性及其解决方案的专家。十年的忽视和缺乏领导被粉饰为社会领导。当然，这次政府的翻转是由《斯特恩报告》——《气候变化的经济学》促成①的，这一报告描绘了如果不立即解决这一问题将会导致的严重经济后果。这一报告使得问题不再被归类为环境问题，而是被归类为自由民主制范式之内的一个让人感觉较为舒服的经济问题。

本章将要展开的第二个观点是以达尔文主义和人类本性的生物社会学为基础的，这种观点表明统治结构是不可避免的。我们离不开精英，因此我们最好拥有该有的精英。

社团主义和全球主义

本书从头到尾所举的事例都在表明，法人对政府的影响是如何导致了恶劣的环境后果的。在美国，有些人由于对选战进行财务支

① Stern Review, "The Economics of Climate Change," at http://www.hm-treasury.gov.uk/independent_reviews/stern_review_economics_climate_change/stern_review_report.cfn.

持而能够轻易接近政府，这些专业游说者的密集游说阻挠着新环境
法的实施，使得现行法律无所作为，并破坏国际性协定。有人认
为，通过把制造业转移到发展中国家，可以逃避环境法规，而国
内的环境法规被世界贸易组织抨击为自由贸易的障碍。但在所有
国家，社团主义仍然因外在原因而利用环境。虽然现在流行在公
开场合表白社会责任，而且有些法人利用在公开场合表白社会责
任来宣传其品牌，但其哲学基础仍未改变，而且在法律中被神圣
化。正如米尔顿·弗莱德曼（Milton Friedman）认为，法人只有一
项社会责任，那就是为其股东赚来尽量多的钱。① 这是一项道德命
令，而以环境目标代替利润是不道德的。我们认为，这就是柏拉
图笔下的野蛮人掌舵的民主制这一漏水船最终沉没所撞上的岩石。

有必要强调的是，在法人支配下遭殃的社会部门并不仅仅是
环境。对法人主义冷嘲热讽的一种观点是阿瑞德海地·罗伊
（Arundhati Roy）在悉尼和平奖的演说《和平与新法人解放神学》
（Peace and the New Corporate Liberation Theology）中提出的：

> "企业成功懒经理指南"：首先，让政府高级雇员进入你
> 的董事会里。其次，让你的董事会成员进入政府。掺和加搅
> 和。当没有人能把政府和你的公司划分清楚后，你就可以和
> 你们的政府串通一气，在一个富油国家训练并武装一个冷血
> 独裁者，他杀害自己的人民的时候你只当没看见。文火慢煮。
> 利用这段时间从政府的合同中收获个小几十亿的美元。②

---

① Milton Friedman, quoted in interview, Joel Balkan, *The Corporation*, *The Pathological Pursuit of Power and Profit* (Constable & Robinson Ltd, London, 2004), p. 34.

② Arundhati Roy, Sydney Peace Prize Lecture, " Peace and the New Corporate Liberation Theology," Delivered November 3 2004 at the Seymour Centre Sydney.

　　事实上，大多数所谓的西方社会都不是这样的民主制度，而是富豪统治，是有钱人统治的社会。在这种背景下，20 世纪 30 年代富兰克林·罗斯福对那时正在产生的法西斯威胁的评论，对于现在那些操纵了人类生活和命运的全球经济精英的法人行为，也同样是适用的。如果人们容许私人力量增长到这样一种程度，以至于它变得比国家自身的力量更强的时候，民主制的自由就不安全了。这实际上就是法西斯主义：无论政府是属于个人、群体或者是任何私人控制的力量。①

　　1934 年，在一群企业家密谋获得军队支持以推翻罗斯福政府的会议上，巴特勒（Butler）将军为正义挺身而出，这使人们看到，即使是美国的民主制，也不能免受私人力量的攻击。罗斯福坚信，新政通过以政府的善行来代替市场的看不见的手，将会终结大萧条，这刺激了那些密谋者。罗斯福后来写道："'新政'意味着政府自身将采取积极行动以实现它公开宣布的目标，而不是袖手旁观，寄希望于普遍经济规律来实现这些目标。……美国体制使得保护个人免受滥用的私人经济力量的侵犯成为现实，新政将坚决要求约束这种力量。"②

　　西奥多·罗斯福（Theodore Roosevelt）总统也认识到这种无形政府的存在："在公开的政府之后，存在着掌握最高权力的无形政府，它不忠于人民，也不对人民负责。摧毁这个无形的政府，贬斥腐败企业和腐败政府间的邪恶联盟，是当今政治家们要完成的首要任务。"③

---

① Samuel Rosenman （ed.）, *The Public Papers and Addresses of Franklin D. Roosevelt*, *Volumn Two: The Year of Crisis*, *1933*（New York, Random House, 1938）, as cited by Cass Suntein, *The Partial Constitution*（Havard University Press, Cambridge, MA, 1993）, pp. 57 – 58.

② Samuel Rosenman （ed.）, *The Public Papers and Addresses of Franklin D. Roosevelt*, *Volumn Two: The Year of Crisis*, *1933*（New York, Random House, 1938）, as cited by Cass Suntein, *The Partial Constitution*（Havard University Press, Cambridge, MA, 1993）, pp. 57 – 58.

③ http://en. wikiquote. org/wiki//Theodore_ Roosevelt.

许多作家用大量事例证明，企业对政府有着恶毒的影响。① 这种影响也影响着自由民主制产生可持续的环境成果的能力，我们对这一问题的论述，仅限于这种范围内。

企业是一种制度，拥有指导制度内部人员行为的结构和规则。但它同时也是一种法律制度，这种制度的存在和运作能力依赖于法律。它的法定要求是，无情地、无条件地追求它的自身利益，而不顾及它可能给其他人带来的常常是有害的后果。② 结果是，企业变得像一条犬心虫（Dirofilaria immitis），啃噬着民主制的心脏。

在希特勒攫取政权和发动战争的过程中，企业参与了对希特勒的财政支持，这是"利润至上"的最好例示，安东尼·萨顿（Antony Sutton）的研究指出：

在 20 世纪 20 年代中期，华尔街为德国卡特尔提供资金，这种行为后来导致希特勒得以执政。……希特勒和他的纳粹党卫军街头暴徒的资金支持，部分来自美国公司的分支机构或者附属机构，其中包括 1922 年亨利·福特（Henry Ford）、1933 年德国法本公司和通用电气的付款，随后是新泽西标准石油和国际电话电报公司向海因里希·希姆莱付款直到 1944 年。……从 20 世纪 30 年代开始，至少到 1942 年，华尔街操纵下的美国跨国公司从希特勒军事建设项目中获得优厚利润。……这些同样是国际性的银行家们利用在美国的政治影

① Balkan, *The Corporation*, *The Corporation*, *The Pathological Pursuit of Power and Profit*（Constable & Robinson Ltd, London, 2004）, p. 34.

② Balkan, *The Corporation*, *The Corporation*, *The Pathological Pursuit of Power and Profit*（Constable & Robinson Ltd, London, 2004）, p. 34.

响来掩盖他们战时与德国的合作，并为此渗透到美国的德国
管理委员会。①

　　这些相关企业没有借口说它们不知道当时在做什么。标准石
油当时开发德国备战所需的合成汽油，结果收到了美国陆军部的
书面抗议。即使是在 20 世纪 40 年代，美国企业界似乎还有权力为
了赚一块美元而为所欲为。萨顿从没有因为他出的许多书和对美
国社团主义的揭露而被送上法庭。

　　危害社会的企业行为，有数千个事例。相反地，这种事例常
用来描述导致社会进步的发现和创新对社会的益处。我们的工作
不是去考证证据是否确实，我们的工作是研究，如果要预防环境
危机，应当如何控制社团主义。

　　今天，卫生领域也有大量的危害社会实践的证据。医药工业
全面控制着美国政府的政策、研究和医学教育。② 这种情形在大多
数其他国家也同样存在。这些与个人健康和生活有关的事例都有
明确的证明。尤其是在集体法律行为中有着很好的证明的是烟草
工业在半个世纪多的时间里的行为。尽管它们被曝光，它们的做
法却很少改变，有报道说，英美烟草公司的头面人物获得了与布
莱尔先生进行私人接触的机会，企图说服他不要调查这样的传言，
这种传言就是，他们公司与罪犯串通，企图通过黑市来扩大他们
公司产品的使用。③

_____

①　Antony Sutton, *Wall Street and the Rise of Hitler*, at http：//reformed-theology. org/
　　html/books/wall_ street/index. html.
②　Marcia Angell, *The Truth About Drug Companies*：*How They Deceive Us and What to
　　Do About It* (Random House, New York, 2004).
③　"Tobacco Gaint Gained Secret Access to Blair," *The Guardian Weekly*, November 5,
　　2004.

烟草工业的操作方式是，向大量具有科学或者社团外表的组织提供资助。这些组织的手法是随便选出一篇科学文章，这篇文章指出吸烟可能不会导致肺癌或被动吸烟是无害的。随后这篇文章被用来削弱占多数的科学意见的影响。公关公司和服从它们的科学家们都公开地或者非公开地在科学因果关系的认识方面制造混乱。人们的疑惑就是这种言论攻击行为造成的。乔治·蒙比奥特（George Monbiot）在他的《热》① 一书中描述了一个名为健康进步科学联合会（TASSC）的假冒的居民组织，这一组织是由一个公关公司按照一个烟草生产商的命令建立的，意图是在人们对被动吸烟的认识方面制造混乱。有必要制造一种草根运动的形象——这一运动是相关的公民为对抗过度管制而自发形成的。它应当把吸烟的危害描述为仅仅是像担忧杀虫剂和移动电话这样的无根据恐惧的其中一种。TASSC 应当是一个国家级联合会，要对媒体、政府雇员和公众进行垃圾科学的教育。

蒙比奥特的研究表明，TASSC 还接受了来自埃克森石油公司（Exxon）的资助，并给 www. junkscience. com 这个网站提供经费，这个网站宣传人们对气候变化的否定性言论。这看起来似乎显然是截然不同的事业的巧合，但嘲笑被动吸烟的精妙方法可以用来贬低其他给企业带来不便的科学。确实像蒙比奥特描述的那样，TASSC 的一个雇员为福克斯新闻网站的"垃圾科学"专栏写作，这一专栏嘲笑被动吸烟和气候变化危险的虚伪性，却不说明它与 TASSC 的关系。

烟草的推销继续给数以百万计的人们带来疾病和痛苦。气候变化也在导致日益增多的人健康不良，死亡案例正在被世界卫生

———————

① G. Monbiot, *Heat: How to Stop the Planet Burning* (Allen Lane, London, 2006).

组织记录下来。世界上最能赢利公司的那些行为能够继续进行，却不受到惩罚，这是对管理体制的控诉。也许与我们的讨论关系更加密切的是那些参与者的心理结构。他们为了利润而经营死亡和毁灭，这就是民主制传达给法人帝国的自由的成品。理解把这一点合理化的心理机制是不可能的。我们只能诉诸约翰·格雷的哲学思想，认为那只不过是我们本性的一部分。他声称，"自然界的破坏不是全球资本主义、工业化、'西方文明'或人类制度中的任何缺点所造成的后果。它是一种特别贪婪的灵长目动物的进化过程的后果。贯穿整个历史和前历史，人类进步总是与生态破坏同时发生。"① 如果我们接受这种观点，我们就可以把资本主义和民主制看成是我们持续地扩大的需要的有效促进手段。我们的任务是改变这一体系。

西奥多·罗斯福总统谈到的腐败企业的影响，在今天是由政治捐赠来进行的。在许多自由民主国家，大量金钱都以私人名义捐献给政党用于选战。在美国，在所花费的以百万美元计的金钱中，这种捐献总计能占90%。② 这就能收买到门路和影响。澳大利亚的这种情况也好不到哪去，在这两个国家的化石燃料和可再生能源政策方面都可以看到这种影响。

彼尔德伯格集团（Bilderberg Group）是由欧洲和美国的企业首脑、政治领袖和知识分子组成的，像这样的组织就符合对无形政府的描述。这是一个大企业领导人的组织，其中有大卫·洛克菲勒（David Rockefeller）和提摩西·盖特纳（Timothy Geithner）

---

① John Gray, *Straw Dogs: Thoughts on Humans and Other Animals* (Granta Books, London, 2002), p. 7.

② Sally Young, *The Persuaders, Inside the Hidden Machine of Political Advertising* (Pluto Press, Syndey, 2004).

（纽约联邦储备银行总裁），这个组织不接受记者采访，关起门来操控国际政策。任何人不得公开讨论这些会议的内容，人类的命运就在这些会议上被决定。

法人帝国收买影响力并不限于政治捐款和大企业智囊团的压力。最大的保护组织现在接受来自法人合作伙伴和政府的大量资助，例如美国国际开发署（Agency for International Development）的资助。保护组织有吸引这些资助的政策，企业在资助时也没有表现出不情愿。由于有这些联系，有证据表明，保护组织不愿批评捐助者的环境记录。① 由于来自公众的收入不足，这些资助似乎是必要的。但为何公众没有捐赠呢？很有可能是因为大量的法人资助和政府保障使公众认为环境安然无恙。西奥多·罗斯福所说的"无形政府"的影响和控制已经蔓延到社会的方方面面。

每个国家都承受着巨大压力，要么参与全球化，要么就要面临无法抗拒的贫困威胁。全球化的本质就是要建立一个网状的世界金融体系，这一体系把经济成功的自由民主国家和越来越多的不那么民主的国家联结在一起。各个经济体自由竞争，以获取创造工作机会的投资，并因此保护政府的财富。生产更廉价物品的竞争和劳动力的自由流动，否定雇员的安全和尊严，降低了他们的地位。工人保护和卫生被削弱，家庭由于需要不止一份工作而感到压力。国家掌握不了它们自己的命运。

今天，这种困境在德国得以证明，1950～1970年间是德国空前的经济增长时期，在这一时期，德国发展为一个广泛福利的国家。今天，私有资本抛弃了德国。劳动力的权利和价格不得不降

---

① M. Chapin, "A Challenge to Conservationists," *World Watch Magazine*, November/December 2004.

低，以增加市场业绩。为了提高竞争力，德国必须减少它的社会
供给，创造美国式的低报酬工作岗位，因此走上了它的竞争者们
已经开始进行的市场改革的道路。用阿伦·弗里曼（Alan
Freeman）的话来说，"施罗德（Schroder）（总理）的改革是一种
颠倒经济与社会关系的妄想。市场神话就像古代宗教中的神一样，
表现为社会的外部力量而非社会的创造物，正义和民主成为这个
市场神话祭坛上的牺牲品。改革是一种装扮为市场必需的政治选
择。"① 现实中市场的要求是没有终点的。只要竞争加剧，减少企
业税收和政府开支的呼吁就会继续下去。这就是为什么自由民主
国家不能也不愿解决环境危机；在它们与之结合的经济体系中，
这是不可能的。这是不会得到资助的。

市场经济通过对消费主义的信仰控制着民众。德伯顿（De
Botton）在《地位焦虑》②（*Status Anxiety*）一书中解释说，民主放
纵那种对个人财产永远增长的期望。即使不平等依然存在，成功
机会就像彩票一样总是存在着。就像电视剧《学徒》（*The
Apprentice*）例示的那样，体制的神话是，努力工作加上好运气，
我们都会变成富人。谁怀疑这种体制谁就要倒霉，因为那样做就
是在挑战体制。1835 年，阿历克西·德·托克维尔（Alexis de
Tocqueville）在《美国民主》（*Democracy in America*）一书中写到，
"美国人常常在他们的繁荣中不得安宁"，而在游览美国时，他发
现富裕并不能让美国人不再"永远想要更多和看到别人有他们没
有的东西的时候感到痛苦"③。媒体描述地位更高的人的生活和对

---

① Alan Freeman, "Why Not Eat Children?" *The Guardian Weekly*, October 22, 2004.

② A. de Botton, *Status Anxiety* (Pantheon Books, New York, 2004).

③ Alexis de Tocqueville, quoted from de Botton, *Status Anxiety* (Pantheon Books, New York, 2004), p. 52.

满足所有已被认识到的需要的物品做符合人们心理的广告，两者都刺激了这种贪婪在两个世纪中的增长。我们不能回到等级体制中去，德伯顿提醒我们，这种体制"尽管存在种种悲惨状况，却享有今天难以享受的几种形式的快乐。……你能发现社会的不平等，但人的灵魂并不因此堕落"[1]。因此，在 18 世纪那些社会最底层的人还有自由不把别人的成就当作参照点，不认为自己地位不够。对比之下相反，自由民主制让社会充满无法缓和的地位焦虑。富人们感觉他们负担不起他们的所有需要，[2] 消费主义与萧条、负债以及不满情绪联系在一起。然而消费主义已经成为资本主义社会的引擎，消耗着地球有限的资源并正在增加工作岗位来大口吞食这些资源。民主制的本质是不可持续性。

军事工业集团的作用

武器制造已经成为世界上最大的经济增长产业之一。2000 年的军事预算数据表明，北美和西欧的军事预算占全球的 65%，在十四个最大的预算报告中，有九个是欧洲自由民主国家的。美国及其盟国的军事预算占了全球预算的 75%，相比较下中国只占了 3%。不可思议的是，美国的随机使用预算中，军事占一半。相较之下只有 2% 花费在环境保护上。[3] 联合国五个常任理事国是世界

---

[1] A. de Botton, *Status Anxiety* (Pantheon Books, New York, 2004), p. 52.

[2] Clive Hanmilton, *The Politics of Affluence* (The Australia Institute, Canberra, December 2002).

[3] Ron Nielsen, *The Little Green Handbook: A Guide to Critical Global Trends* (Scribe Publications, Melbourne, 2005).

上五个最大的武器出口国。五年的时间，英国向非洲国家出售的武器从 5200 万英镑增长到两亿英镑。这些国家大多数是贫穷和经济衰败的国家。在论及这种情况时，《英国医学杂志》（*British Medical Journal*）认为这些武器的出售与冲突的加剧和大规模卫生问题有关。这些出口国把自己的短期利益建立在国际社会利益之上。①

武器生产在许多西方民主国家的经济成功中占有重要地位，武器生产的中止将会引发因经济衰退导致的动荡，随之而来就是经济萧条。美国尤其如此。在美国，随机使用预算的一半是武器的开销。战争武器被宣扬和美化为"安全体系"，在军工产业的宣传中，所有国家，即使饱受贫穷的蹂躏，也不得不拥有它们来防御邻国，保全本国的安全。军工产业的一项研究说明企业制造商对民主政府的影响。就石油工业而言，两个合作伙伴之间存在密切联系，包括工业和政府之间的高层流动，以确保不发生重大利益冲突。

我们来考察一下最近的一个事例。考虑到因错误理由而发动的伊拉克战争，这一产业集团在制造战争中所起的潜在的秘密作用应当受到质疑。我们公众被告知，精确的、完全可靠情报表明，萨达姆·侯赛因拥有大规模杀伤性武器，并且伊拉克和基地组织之间有明显的情报联系。2004 年 10 月，美国中央情报局承认在那时并没有这种证据。英国秘密的高级机要简报称：伊拉克战争没有法律上的合法性；即使伊拉克建立了代议政府，它们仍然会设法获得大规模杀伤性武器。英国军情十六处认为，萨达姆没有生

---

① Editorial, "Arms Sales, Health and Security," *British Medical Journal*, vol. 326, 2003, pp. 459 – 460.

物剂生产设备，只有少量的化学武器储备。英国外交部长杰克·斯特劳（Jack Straw）的政策司长彼得·李凯兹（Peter Ricketts）对英国首相托尼·布莱尔说，美国企图把伊拉克与基地组织联系在一起是不能令人信服的："它听起来像是布什跟萨达姆之间的一场旗鼓相当的比赛"。斯特劳也感觉到，"没有可靠证据能把萨达姆与奥萨马·本·拉登和基地组织联系起来"①。美国总统错误发动这场战争的几个可能原因中，石油和军方需要是很重要的。在伊拉克建立大规模基地表明，美国将在那儿保护它的石油利益，尽管这是一场不能胜利的战争。向全世界范围的产油地区派遣更多的军队是军方和武器制造商的饭碗。

伊拉克战争也表明在公共事务中对真相的欺瞒和否认，我们将在下一章中将之作为自由主义的缺陷进行讨论。尽管情报不充分，总统仍坚持伊拉克存在大规模杀伤性武器。结果是，国际政策态度项目（PIPA）的民意测验表明，72%的布什支持者都相信在战争爆发前伊拉克有大规模杀伤性武器。事实上，武器核查员查尔斯·杜埃尔弗（Charles Duelfer）得出结论说，"在美国领导的入侵之前，萨达姆·侯赛因已有十年以上没有生产或拥有任何大规模杀伤性武器"。并且联合国的核查已经"抑制了他建造和发展武器的能力"。② 即使在这些结论发布之后，仍有57%的布什支持者们认为，查尔斯·杜埃尔弗的报告恰恰得出了相反的结论——也就是说，伊拉克或者是拥有大规模杀伤性武器，或者是有一个发展大规模杀伤性武器的宏大计划。同一研究还发现，75%的布

① *Los Angeles Times*, April 11, 2002, at http：//www.corporativeresearch.org/entity.jsp? entity = jack_ straw.

② "Bush Supporters Misled," October 2004, at http：//www.misleader.org/daily_mislead/read.html? fn = df10222004.html.

什支持者相信伊拉克当时在为基地组织提供实质性帮助，55% 的人相信这是 9·11 委员会的结论。① 事实上，9·11 委员会又一次得出结论说，基地组织和伊拉克之间不存在"合作关系"。②这是一个否认事实的例子，这种事例在当今公共生活中已屡见不鲜。

事实与布什支持者所持观点之间的不一致，既引人注目也令人震惊。我们认为这样的结果并不会限于布什的支持者们，而是适用于覆盖公共事务的广泛范围的大量公共议题。但能通过广泛的公众适用于一些广泛的公共问题，这就是自由民主制度的"暴民统治"特征，这就是精英们在大多数时间、在大多数问题上愚弄大多数民众的离奇能力。

威廉·布鲁姆（William Blum）在《无赖国家》（*Rogue State*）和《扼杀希望》（*Killing Hope*）③这两部重要著作中，记录了美国是如何攻击和颠覆 23 个并没有直接威胁美国的国家的，这首先是为了服务于跨国公司的利益。这些国家包括，1945～1946 年对中国，1950～1953 年对朝鲜，1950～1953 年对中国，1954 年对危地马拉，1958 年对印度尼西亚，1956～1960 年对古巴，1964 年对刚果，1965 年对秘鲁，1964～1973 年对老挝，1961～1973 年对越南，1969～1970 年对柬埔寨，1967～1969 年对危地马拉，1983 年对格拉纳达，1986 年对利比亚，20 世纪 80 年代对萨尔瓦多，20 世纪 80 年代对尼加拉瓜，1989 年对巴拿马，1991～1999 年对伊拉克，1998 年对苏丹和阿富汗，以及 1999 年对南斯拉夫。美国的行

---

① "Bush Supporters Misled," October 2004, at http：//www. misleader. org/daily_mislead/read. html？ fn = df10222004. html.

② "Bush Supporters Misled," October 2004, at http：//www. misleader. org/daily_mislead/read. html？ fn = df10222004. html.

③ William Blum, *Rogue State* (Zed Books, London, 2002); William Blum, *Killing Hope* (Zed Books, London, 2003).

为导致数百万人丧失生命——而这都是源于自由民主！

自由民主制的支持者们经常辩护说，这种体制的一个优点就是它使得内部冲突的管理者可以不用暴力而解决内部冲突。用这种方式辩护的人很少考虑到反对的意见，那就是这种不使用暴力只适用于自由民主国家的内部关系。布鲁姆指出，美国作为自由民主的领导典范，在外部战争和侵略问题上的记录是骇人听闻的。美国在这些战争中，正确地或错误地杀害的人数比纳粹德国曾经杀害的还要多（当然这不是要证明纳粹政权的合法性）。作为一个自由民主国家，它是建立在别国的鲜血和痛苦之上的。

我们论证自由民主失灵的第一部分就到此为止。事实上，自由民主从不曾得到尝试，因为社会被精英们统治着，他们设定社会议程，他们通过对金钱和媒体的控制操纵着经济和公众舆论。这样做当然不必要使用相对粗糙的洗脑手法。但这样做一般都涉及对问题的有选择的和带偏见的倾斜，或者干脆限制信息，以至于一系列有关环境和社会问题的其他观点不能公开地讨论。特别是像移民和人口问题这样的争论得到了显然的经济倾斜，而生态问题则不能得到，因此，重要问题从来不能在恰当的生态背景下进行讨论。

对此，有人也许会说，我们更有理由进行一场民主革命，以夺取精英们的权力。但我们有很好的理由去怀疑这种民主革命是否能发生。索米特（Somit）和彼得森（Peterson）曾认为，威权主义存在生物学基础。① 我们现在将论证的是，即使资本主义社会的

---

① A. Somit and S. A. Peterson, *Darwinism*, *Dominance*, *and Democracy* (Praeger, Westport, London, 1997).

精英们能被控制，仍有充分的理由去怀疑民主在原则上是否曾经
发挥作用。

威权主义的生物学基础

艾伯特·索米特（Albert Somit）和斯蒂芬·彼得森（Steven
Peterson）曾在他们的《达尔文主义、统治和民主》（*Darwinism*,
Dominance and Democracy）[①] 书中试图解释，为何在整个人类历
史中，绝大多数的政治社会能看到一个精英集团对顺从的大多
数的统治。威权主义政权是典型，民主制则是少数。这在过去
当然是真实的，而在民主理论学家们喜欢称之为"民主时代"
的今天也是真实的。索米特和彼得森指出"威权主义政权因其
存在和持久性而引人注意，民主则因其罕见和暂时而引人注
目"[②]。

19 世纪中期的美国是第一个现代民主国家，也是自 2000 年前
的罗马共和国以来的第一个民主国家。20 世纪末，民主理论学家
塔图·范汉伦（Tatu Vanhanen）列举的民主国家的数量是 61 个，
或者说在总数为 147 的国家中占 41%。[③] 这项研究使用的民主定
义的基础是代议制政府的多数人统治体系，而不包括一些理论家
们所认为的民主制的另一个同等重要特征的法治。法治的观念

[①] A. Somit and S. A. Peterson, *Darwinism*, *Dominance*, *and Democracy* (Praeger,
Westport, London, 1997).

[②] A. Somit and S. A. Peterson, *Darwinism*, *Dominance*, *and Democracy* (Praeger,
Westport, London, 1997), p. 35.

[③] T. Vanhanen, *The Process of Democratization* (Crane Russak, New York, 1990).

是，司法体系应该以独立的司法部门为基础，在那里所有人都受法律约束，保护政治自由和公民自由不受"合法"社会的独裁政府侵害。罗伯特·达尔（Robert Dahl）认为，民主国家的数量在20世纪50年代达到最高峰，然而现在正在下降。[①] 索米特和彼得森总结说，考虑到对媒体的审查制度、选举欺诈、政府腐败和对人权的侵犯等因素，亚洲和南美许多所谓的民主国家没有被列入这个名单中（例如所谓的不自由民主制国家）。除去人口少于100万的小国家，只有29个大的民主国家。虽然名单上的一些国家可能会受到质疑，如厄瓜多尔，如果考虑到以色列侵犯人权，可能还有以色列，在大多数学术性的考量中，民主国家构成了世界现存政府的少数，并且数量还在减少。自由之家是考察国家自由程度的组织，它证明了生活在自由体制下的人口占世界人口的比例在下降，从1981年1月的36%下降到1996年1月的20%。[②]

与像弗朗西斯·福山（Francis Fukuyama）这样的政治理论家的观点相反，自由民主作为一种意识形态体系并没有统治地球，虽然美国这样一个所谓的自由民主国家所具有的超常影响力让人产生那种印象。在过去一个世纪里民主国家的数量曾有一段时期增长，然后数量就开始减少。在20世纪新成立的民主国家大多数都没有幸存下来。没有证据证明民主的政府形式比非民主的政府形式更稳定。古尔（T. R. Gurr）关于政体寿命的一项研究发现，

---

① R. Dahl, *Mordern Political Analysis* (Prentice Hall, Englewood Cliffs, Nj, 1991).

② Somit and Peterson, *Darwinism, Dominance, and Democracy* (Praeger, Westport, London, 1997), p. 13; A. Karatnycky, "Democracy and Despotism: Bipolarism Renewed?" *Freedom Review*, vol. 27, January-February 1996, pp. 1 – 16; S. Huntington, "How Countries Democratize," *Political Science Quaterly*, vol. 106, 1991 – 1992, pp. 599 – 616.

政体平均寿命只有 32 年。① 政治体制像有机体一样，有来有去，有生有死。

无论从何种统计标准来看，民主制都不是人类的自然状态。民主制是有前提条件的，民主制的基本要素经历了长时间的激烈争论。② 这些要素包括：普遍公正的财产分配；相对高的识字率和教育程度（能有目的的投票）；③ 相对较高的人均能量消费；通常具有同源种族的社会基础，也就是说，尽管有多个少数民族，但有一个占支配地位的种族的和语言的群体（虽然像加拿大魁北克省所表明的那样，也许会有两个这样的群体，由于一个群体希望分离出去，两个群体常常处于紧张状态）。④ 除了瑞士民主制这个显著的例外，民主制不大可能在多种族、多宗教的国家里演化出来，这些国家通常需要一个威权结构把这种国家团结在一起（例如苏联和南斯拉夫）。⑤ 许多重要的民主国家是遗传下来的民主制：美国、加拿大和澳大利亚从大不列颠获得其民主制结构。殖民主义曾经是传播民主制的一种重要力量。然而民主制在大多数前殖民地并没有扎下根，尤其是在非洲的殖民地。

我们的目标不是去确定民主制由以产生的公式，如果说存在这种公式的话。就像某一特定动物种类的出现一样，民主制有可

① T. R. Gurr, "Persistence and Change in Political System, 1800 – 1971," *American Political Science Review*, vol. 68, 1994, pp. 1482 – 1504.

② F. W. Miller and M. A. Seligson, "Civic Culture and Democracy," *American Political Science Review*, vol. 88, 1994, pp. 635 – 652.

③ T. Vanhanen, *The Emergence of Democracy* (The Finish Society of Science and Letters, Helsinki, 1984).

④ R. E. Burkhart and M. S. Lewis-Beck, "Comparative Democracy: The Economic Development Thesis," *American Political Science Review*, vol. 88, 1994, pp. 903 – 910.

⑤ J. W. Smith, et al., *Global Meltdown* (Praeger, Westport, CT, 1998).

能在现代和古代世界都是一种独特事件。也许一个更好的比喻是，民主的出现就像社会上存在的独身一类的现象，这种现象与我们生物本性相矛盾，但这种现象能够通过特定的文化结构和干预而维持下去。索米特和彼得森采用一种新达尔文进化论的方法来理解人类行为，他们认为，存在"一种先天的倾向，这种先天倾向使得个人之间形成统治关系，导致以明确的等级和地位差异为特征的等级社会制度的社会结构"①。我们将进一步讨论这一点。

威权主义的自然状态

那么，为何威权主义状态是人类的一种自然选择呢？它并不必然是一种选择，如理查德·达尔文所写的那样，它的发生是因为，"如果你想建立一个社会，在这个社会中，个人为公共利益而慷慨无私地合作，你不能期望从生物本性那里得到什么帮助"②。卢梭说人生而自由，这根本不是事实。我们可能不喜欢这种思想，但有许多证据表明我们的进化史规定着我们的冲动和行为。

罗伯特·温斯顿（Robert Winston）回顾了证实这种观点的科学证据，他得出结论说，虽然人们在接受我们是从某种形式的猿类进化来的这一点上不存在问题，我们却很少有人能够接受其心理学意义。"智人不仅观看、行动和呼吸像一只猿，他进行思考也像一只猿。我们不仅拥有石器时代的身体，有着我们过去的许多痕迹，而

---

① Somit and Peterson, *Darwinism*, *Dominance*, *and Democracy* (Praeger, Westport, London, 1997), p. 51.

② Richard Dawkins, *The Selfish Gene* (Oxford University Press, Oxford and New York, 1971), p. 59.

且我们有一个石器时代的头脑。"① 这个头脑是受到像畏惧和逃跑这样的基本冲动所支配的，由于这种冲动，在危险的情况下自动生理反应就会发生，而且，这个头脑主要是依靠性冲动来确保种族的生存的。后者是我们追求权势、利益和地位的主要决定因素，当情况危急时，它对于我们来说，比我们用来获得它的统治体系更为重要。

进化心理学的模理论主张，人类天生心灵就包含着复杂的心理机制或者模件，这样，大脑就对人类共有的范围很广的行为和冲动进行了硬接线。这种心理机制或者模件包括从天生的对蛇的畏惧到使我们可能学习语言的天生的大脑结构——这是根据乔姆斯基（Chomsky）的著作。② 模理论得到了对病人的研究的支持，这个病人大脑中有一处通过脑扫描定位了的创伤，这一创伤表现为说话和回忆语词方面的一系列障碍。大脑的未受伤部位学习这些功能也达不到有效的水平。这不是一个人类能够接受的令人愉快的理论，因为它不能提供什么改进的希望！实际上，其他科学家认为，大脑有相当的可塑性，它被我们对我们周围世界的经验所改造。正如科学中所有直接相对的理论那样，两种理论都会有一些内容是真理，而模理论则更为优越。

根据模理论，重要的是要注意到，索米特和彼得森认为，我们社会在部族中的进化是围绕着"统治和顺从、控制和服从"来建构的。③ 统治通常是一种通过威胁和炫耀建立起来的不同个人之间的关系。它的重要作用是防止可能导致伤害和混乱的争议。用进化论的

① Noam Chomsky, cited from Robert Winston, *Human Instinct: How Our Primeval Impulses Shape Our Modern Lives* (Bantam Books, New York, 2003), p. 17.

② Winston, *Human Instinct*, p. 93.

③ Somit and Peterson, *Darwinism, Dominance, and Democracy* (Praeger, Westport, London, 1997), p. 51.

语言来说，暴力对再生产的成功是不利的。在灵长目中可以看到这种机制，在那里，这种机制有利于再生产的成功，而且一种等级制度被建立起来，促成社会的稳定。再生产意向在那些被选出来的或者被任命的领导者的权力和声望的掩饰下，进一步被遮蔽起来。

在民主制中，我们总是在走向威权主义。政党是等级制度的。政党常常有一个小集团，每一个小集团都有其自身的选择政府候选人的等级制度。我们必须有有形的、作为管理者的领导，即使我们认为领导是用纸板搭建起来的，由政治顾问和打广告的人涂抹上色的。政府、反对派和社团主义都是等级制度的，在不造成潜在伤害的情况下，是不能从内部挑战的。一个为正义挺身而出的人揭露一桩犯罪或者腐败不被人们认为是对社会的一种贡献。他得到的不是感激，而是不安、"赶出去"和失业。那些通过民主制当选为领袖的人常常通过利用体制来保持权力或者发动战争而走向威权主义。他们尤其是与富有和有势力的企业相勾结，侵害社会的需要，这种行为甚至达到了摧毁其他民主国家的程度，只要这些民主国家不能确保社团主义追求的模式，例如阿连德的智利。人类的所有这些特性都是民主制持续下去的天生的障碍。

无论自由地建立起来的是何种社会结构，它天生地都要变成等级制度的和威权主义的。我们很难理解，基督及其信徒们拥护的爱和谦卑的简单而普遍教训是如何转化为教皇、权力和罗马天主教会的权威教条的。

服从是这种等级制度体系的一部分，而反抗则很少见，这也是民主制的一个障碍。在一个所谓的民主政党中，人们期望着服从，而党员则被纪律监察官员管理得服服帖帖，在工作场所，对地位的质疑可能就是不听话。我们可能接受涉及个人牺牲的命令，而应当受到道德谴责的命令，例如虐待、残杀和种族灭绝常常得到个人的爽快执行，而这些个人曾经是来自良好家庭的社会的忠实成员。服从是杀人机器的运行所必需的，民主国家训练的军队和专制国家训练的军队都一样。使用电击对研究服从的科学研究表明，个人有一种根深蒂固的性格，即使在对他人施加伤害的时候也会服从。①

黑猩猩是与我们亲缘最近的灵长目亲戚，对黑猩猩的观察使人们看到了一种与我们自己的社会结构有着神秘相似性的社会和等级制度结构。它们的群体运作依赖于一种等级秩序，这种等级秩序以统治和顺从为基础。有统治权的雄性因其力量和建立联盟而成为领导者。就像在我们社会中一样，谋杀和有组织的暴力是它们的群体的一部分。例如，当一个朋友被杀后，雄性黑猩猩组建联盟以便复仇。战争团体是由在一起长大的成年雄性组织起来的，而对战斗的预期可能因为恐惧而产生恶心和呕吐。这些行为极其类似人类战争中的男性同盟和群体构成。波茨和肖特对这种共同行为总结如下："黑猩猩（Pan troglodytes）和智人共同的独特且血腥的特征是，密切联系的成年雄性群体具有这样一种倾向，他们放下正在做的事情，偷偷地、小心地冒险进入邻近群体的领地，找到他们能在数量上超过的一个人或者较多人，然后把对方狠揍一顿。这种行为在任何其他动物中都没有发现，并且这种行为具有战争的所有属性。"② 事实上，两种社会都会在某些时候选择战争作为策略，甚至可能达到抢先发动打击的程度。两种社会都会因看到暴力而狂欢，一个人只要看看电视时间表就会看到这一点。自由民主制只不过是为其自私的威权主义基因披上了一层羊皮而已。

---

① Stanley Milgram, *Obedience to Authority*: *An Experimental View* (Taristock, London, 1974).

② Malcolm Potts and Roger Short, *Ever Since Adam and Eve*: *The Evolution of Human Sexuality* (Cambridge University Press, Cambridge, 1999), p. 194.

第七章
垂死的自由主义：自由价值观的崩溃

自由主义的品质和意向……是在改革的名义下攻击国家制度，是以进步为借口向人们的风俗习惯宣战。

——本杰明·迪斯雷利

自由主义的铁笼

迄今为止，我们批评了民主制和自由主义，认为它们不仅不能够对环境危机做出充分的反应，而且在许多情况下，它们起的是催化剂的作用，在那蹂躏地球生态的野火上浇油。我们也指出，虽然从逻辑和定义上说，自由主义和民主制可以从概念上区别开来（因此就可能有并且实际上存在自由民主制），在西方，自由主义和民主制却已经有机地结合在了一起。或许甚至古希腊在某种程度上就是这样的，当我们反思柏拉图在《共和篇》①中对民主制度的批评时，看到的就是那样。在那里，柏拉图谈到，民主取决于对自由的要求。这种要求最终产生的是分歧和分裂。人们要求按照自己认为合适的方式生活的权利，产生了多种生活方式，各种生活方式激烈碰撞。经过一段时间，这种冲突变得过分剧烈，结果是社会——或者社会的残留——需要有一个专制者团结起来。

根据柏拉图的教导，我们将在本章和下一章论证，自由民主的观念中存在固有的矛盾，这种矛盾最终决定了这样一种政治体制将走向灭绝。1989年，美国保守的政策理论家弗朗西斯·福山在《国家利益》杂志上发表了一篇标题为《历史的终结?》的文章。②他认为自由民主制是"人类意识形态进化的终点"，因此也就是"人类政体的最后形态"。质疑这种断言是我们的目的之一，我们将指出，自由民主制实际上是人类历史的一个瞬间，至少在目前这种"一切照旧"的情景下，民主的时代将要过去，否则就将发生第十章中讨论的那种激进变革。

本书前面论证的观点是，自由民主制导致公地悲剧，并因此导致环境破坏，当前这一章将不再探讨这一问题。我们在本章的意图是，总结哲学家和政策理论家们提出的对自由民主制的批评，这些人写作的内容一般不是关于环境问题的，而且他们在这些问题上的观点可能与我们有着根本的差异。然而，这些作者们在看

---

① 关于柏拉图对民主制的批评应当沿着这些线索来理解的论证，其出处是 E. R. V. Kuehnelt-Leddihn, "A Critique of Democracy", *The New Scholasticism*, vol. 20, July 1946, pp. 195-238。

② E. Fukuyama, "The End of History?" *The National Interest*, vol. 11, summer 1989, pp. 3-11; and F. Fukuyama, *The End of History and the Last Man* (Free Press, New York, 1992).

到自由民主的世界观存在根本问题这一点上统一起来。我们将指出，自由民主制在社会层面也同样具有自我破坏性。因此，对自由民主制的批评并不限于环境问题；相反，在那些工作于其他领域的人那里，关注的内容存在一致性。我们的看法是，如果自由主义和自由民主制不能解决小问题，比如与文化多元主义相关的冲突这种小问题，那么它又如何可能应对像环境危机这样的大规模的、威胁文明的问题呢？如果自由主义作为一种意识形态体系是有缺陷的，那么假设它不能应对这种挑战就是合乎逻辑的。

我们的批评也不同于近四十年来大量作者对自由主义所作的生态学批评。那些被不够精确地界定为"深层生态学者"或者"深绿人士"的作者们认为，被概括为自由主义、但又不限于自由主义的西方哲学传统，由于它曾导致一种破坏性的且不可持续的社会思潮，这种社会思潮仅仅赋予自然界以工具价值或者经济价值，因而是存在缺陷的。这是许多思想家们对现代性的批评。[①] 例如，阿恩·奈斯（Arne Naess）[②] 区分了浅层生态学和深层生态学，认为深层生态学给予自然以内在价值，而浅层生态学只赋予自然界以工具价值。伦理学主要是以人类为中心的，认为道德价值来自人类，自由主义就是一个典型例子。深层生态学认为人类只是众多有价值的物种中的一种，尽管人类在技术上具有复杂性，但并不比自然更重要。自由主义之所以有缺陷，就在于它是一种

---

① John Passmore, *Man's Responsibility for Nature*: *Ecological Problems and Western Traditions* (Duckworth, London, 1974); James Lovelock, *Gaia*: *A New Look at Life on Earth* (Oxford University Press, Oxford, 1979); Aldo Leopold, *A Sandy County Almanac* (Oxford University Press, New York, 1966); Arne Naess, "The Shallow and the Deep, Long-Range Ecology Movement: A Summary," *Inquiry*, vol. 16, spring 1973, pp. 95 – 100.

② Arne Naess, "The Shallow and the Deep, Long-Range Ecology Movement: A Summary," *Inquiry*, vol. 16, spring 1973, pp. 95 – 100.

"人类沙文主义"的道德理论，这种道德理论存在一种有利于人类的不公正偏见。我们认为这是自由主义的一个根本问题，但与这些作者们不同的是，我们将详细论述自由主义在人类和社会的其他领域具有何等的破坏性。我们将看到，自由主义的观点同样是与人类价值相矛盾的，它冲击了环境可持续性的概念，因为这种概念是与经济增长不相容的。

自由主义是一种具有
社会破坏性的意识形态吗？

自由主义是一种具有社会破坏性的意识形态，这一断言是保守主义思想家在最近作出的。马尔柯姆·马格里奇（Malcolm Muggeridge）是一位基督教保守主义思想家，他认为自由主义者拥有一种致命倾向。通过对 20 世纪 60 年代西方文化革命的反思，他认识到自由主义者有一种在独裁者及其政权面前屈服的倾向，不管独裁者多么野蛮（波尔布特等），只要独裁者说出适当的关于"人人都是兄弟"的陈词滥调。① 马格里奇认为人类堕落了，并因原罪而受到诅咒，他认为自由主义者受到一种不合理的要求的支配，要求废除堕落的文化并重建文化，以符合他或者她自己的偏见，他们头脑中充斥的观念是，人在根本意义上都是好的。

自由主义的基础是一种根本错误的关于人性的哲学，这一思想也在詹姆斯·伯纳姆（James Burnham）这位保守主义者、前共

---

① Malcolm Muggeridge, *Things Past* (Collins, London, 1978), pp. 220 – 238. A similar complaint is made by T. Suric, *Against Democracy and Equality* (Peter Lang, New York, 1990).

产主义者和作家那里表述出来。① 对伯纳姆来说，自由主义是一种民族自残的意识形态，最终将腐蚀掉一个民族的生存意志。冷战期间，法国作家让－弗朗索瓦·维勒（Jean-Francois Revel）认为共产主义将最终击败自由民主制。② 自由民主制可能只是历史中的一个意外。这种政治体制总是使得内部敌人的存在成为可能，这种内部敌人（对于维勒来说是共产主义，而对于法人帝国来说则是环保主义者）为了自己的成功而试图破坏这种体制，自由民主制沿着自身的逻辑走到极点，就会自我毁灭。

保守主义知识分子保罗·戈特弗里德（Paul Gottfried）认为，与 19 世纪的自由主义不同，当代自由国家关注的是促进一致性，而非个体性。③ 在戈特弗里德看来，自由主义现在只是说一些关于自由哲学的肤浅的空话；今天许多国家更为关注民主社会化和社会控制。被压迫者在反抗操纵着国家机器的新精英阶级时，不能进行真正的社会动员。④

为了维持社会控制、权力和压制大众意见，心理武器得到改进，其中畏惧是最有效的心理武器。畏惧使得那些当权者能够以保护公民为名义，制定广泛的反恐法规，监视其公民，绑架和虐待其公民。⑤

① James Burnham, *Suicide of the West: An Essay on the Meaning of Destiny of Liberalism* (Jonathan Cape, London, 1965). Along the same line is A. M. Ludovici, *The Specious Origins of Liberalism: The Genesis of an Illusion* (Briton Publishing Company, London, 1967).

② Jean-Francois Revel, *How Democracy Perish* (Weidenfeld and Nicolson, London, 1983).

③ Paul Gottfried, *After Liberalism: Mass Democracy in the Managerial State* (Princeton University Press, Princeton, NJ, 1999).

④ M. A. Glendon, *Right Talk: The Impoverishment of Political Discourse* (The Free Press, New York, 1991).

⑤ J. Risen, *State of War: The Secret History of the CIA and the Bush Administration* (The Free Press, New York, 2006).

秘密和欺骗成为自由民主制的一个正常部分，就像在共产主义极权国家那样。为了政治设计的利益，像正义这样的自由主义原则被抛在一边。在西方民主国家，对司法的政治攻击变得越来越多，这反映了自由主义为了个人自由而抛弃集体利益的倾向。桑德拉·戴·奥康纳（Sandra Day O'Connor）在从最高法院退休之后不久的一次讲话中，批评了一些领导人，这些领导人为了所谓的自由主义偏见而多次指责法院，他们的指责可能会促成一种反对法院的偏见气氛。①这些领导人是在自由主义的自由竞赛中飞黄腾达的。历史告诉我们，对司法的攻击常常是独裁统治的前奏。这样，群众会变得麻木，失去对自我管理的希望——如果说他们曾经有过希望的话，并因性生活和吸毒的愉悦、悄悄地对裸胸女人的图片实施专政、电视，以及消费者抚慰，而得到安抚。在这种意义上，乔治·奥威尔（George Orwell）的《一九八四》已经到来了。然后大众得到了维多里牌杜松子酒的安慰，"他们头脑中充斥着电影、足球、啤酒，而首要的则是赌博"，而且"存在数量以百万计的穷人，对于这些穷人来说，彩票是他们继续活着的主要原因——如果不是唯一原因的话"。②

戈特弗里德（Gottfried）的思路是，自由主义摧毁了旧的君主制秩序，在正在出现的欧洲现代国家中实现了权力的集中。1917年革命的时候，苏联的共产主义者们发现了等着他们接管的集中起来的权力。就这样，自由主义具有讽刺意味地为苏维埃的古拉格群岛奠定了基础。③

---

① J. Borger, "Former Top Judge Says US Risks Edging Near to Dictatorship," *The Guardian* (UK), March 13, 2006.

② George Orwell, *Nineteen Eighty-Four* (Pengiun Books, Harmondsworth, UK, 1954).

③ Donald W. Livingston, "Decentralists of DC Centralists? Overthrowing the Tyranny of Liberalism," *Chronicles*, April 1999, pp. 16 – 18.

正如我们在第六章中论述的那样，从启蒙时代到第二次伊拉克战争，自由民主政府以普遍人类解放的名义杀死的人数，较之共产主义政权杀死的人数要多得多（某些权威人士认为，多出1.5亿），从这一点来看，自由主义的社会根本不是自由的。[1] 尽管那些自由民主国家炫耀自己的自由和机会，它们常常是以自身利益为名而侵犯其他人的权利。哈罗德·品特（Harold Pinter）的指控在其诺贝尔获奖演说中得到了再一次确切的表述：

> 二战结束之后，美国支持了世界上的极右翼军事独裁，在许多情况下则是制造了军事独裁。我指的是印度尼西亚、希腊、乌拉圭、巴西、巴拉圭、海地、土耳其、菲律宾、危地马拉、萨尔瓦多，当然还有智利。1973年美国在智利造成的恐怖永远不能得到开脱，也永不能被原谅，在所有这些国家中，发生了几十万人的死亡。[2]

并不只有美国才做了美国对其他自由民主国家所做的事情，英国、法国和其他国家为保护自己的势力和经济利益，也做了类似的事情。

美国保守主义哲学家约翰·凯克斯（John Kekes）推论说，自由主义之所以是不和谐的，是"因为自由主义价值观的实现将导致自由主义想要避免的那种恶的增长，也因为这种恶的减少依赖于与自由主义价值观相悖的条件的创造"[3]。这种矛盾的典型例子

---

[1] Scott Manning, "Communist Body Count," December 4, 2006, at http://www.digitalsurvivors.com/archives/communistbodycount.php.

[2] Harold Pinter, Nobel Lecture, "Art Truth and Politics," 2005, at http://nobelprize.org/literature/Laureates/2005/pinter-lecture-e.html.

[3] John Kekes, *Against Liberalism* (Cornell University Press, Ithaca, 1977), p. ix.

就是自由主义者既主张反种族主义，也主张文化多元主义，还主张我们将要讨论的言论自由。简而言之，在这些思想家们看来，自由主义锯掉了支撑它自己的枝干。① 我们简要考察保罗·戈特弗里德在这些问题上的一些论述，对这一观点进行阐释。戈特弗里德指出，自由主义由于接受像严格的文化多元主义这样的理论，产生了更多的内部矛盾。例如，从表面上看，1972 年的法国《盖索法》似乎是足够合理的。这项法律禁止"以人的出身为由，挑动对某个人或者某些人的歧视、暴力或者仇视"②。确实是足够公正的。还禁止"以人的出生或者属于或不属于某个民族、国家、种族或者既定的信仰为由，公开诽谤某个人或者某些人"③。从表面上看，这条也是合理的。但是，虽然这样的法律被用于让那些否认纳粹灭族屠杀的人安分下来，它们也被用于反对批评法国移民政策的各个方面的人。人们原本会认为，一个自由民主社会会鼓励而不是压制对其基本法律制度的学术性研究的。④

例如，法国女演员碧姬·芭铎（Bridget Bardot）对穆斯林移民"虐待动物"的批评，就触犯了法国的反种族仇视法律。她勉强逃过了两年的牢狱之灾。在德国，古代日耳曼卢恩文符号（与《指环王》影片中看到的符号是一个类型）的使用被禁止，因为新纳

---

① 激进主义者也把自由主义看做某种社会腐蚀剂。毛泽东说："自由主义取消思想斗争，主张无原则的和平，结果是腐朽庸俗的作风发生，使党和革命团体的某些组织和某些个人在政治上腐化起来。……它是一种腐蚀剂，使团结涣散，关系松懈，工作消极，意见分歧。"毛泽东：《反对自由主义》，见 A. K. Bierman and J. A. Gould（eds.），*Philosophy For a New Generation*（Macmillan, New York, 1973），pp. 449 – 450.

② Gayssot Act（France），Atticle 1, 1999, at http：//www. legifrance. gouv. fr/ WAspad/UntexteDeJorf？ numo = JUSX9010223L.

③ Gayssot Act（France），Atticle 1, 1999, at http：//www. legifrance. gouv. fr/ WAspad/UntexteDeJorf？ numo = JUSX9010223L.

④ H. O. J. Brown，"Cultural Revolutions," *Chronicles*, June 2001, p. 6.

粹群体中有少数人使用这种符号来装饰他们的 CD 唱片集。爱尔兰凯尔特人的十字叉是一种凯尔特人基督教符号，即使是这种符号的使用也被禁止，因为害怕它带有种族主义的含义。加拿大禁止了存在争议的、然而显然是学术性的关于种族和行为的教科书，如加拿大心理学家约·菲利普·拉什顿（J. Philippe Rushton）的著作①和韦恩·拉顿（Wayne Lutton）与约翰·坦顿（John Tanton）对美国移民计划的批评。② 然而许多美国黑人说唱歌曲却没有被禁止，这些歌曲常常包含着显然的种族主义的和暴力的歌词，这种歌词常常表达了谋杀白人或者强奸白人妇女的欲望。这种音乐作品常常表达了对白人、"穷白佬"或者"红脖子"的种族主义情绪，"穷白佬"和"红脖子"是对白人的蔑称。或许可以认为，这是受压迫人群对精英人群的一种可以理解的反抗。然而这些说唱艺人大多数不是贫民窟的青年，而是很富有的美国黑人，他们制作音乐，针对的主要是白人青年市场，而不是针对受压迫的和贫穷的黑人少数民族，这些人的福利支票几乎支付不起这些昂贵的 CD 唱片。黑人说唱音乐是白人中产阶级的孩子对其父母的反抗，而这些父母是 CD 的买单者。

在澳大利亚，反种族仇视的法律甚至被用于对付一位善良而明智的自由主义新闻工作者菲利普·亚当斯（Phillip Adams），因为他谴责了美国人支持对伊拉克的战争，他的谴责存在争议，但是有证据可以证明其正确性。亚当斯说的只不过是像迈克尔·摩尔（Michael Moore）这样的美国批评者曾经说过的话，但是，一位在澳

---

① J. Philippe Rushton, *Race*, *Evolution and Behaviour*, 3rd edition (Charles Darwin Research Institute, Port Huron, 2000).

② Wayne Lutton and John Tanton, *The Immigration Invasion* (The Social Contract Press, Petoskey, 1994).

大利亚的美国人被亚当斯对美国人的谴责伤害了感情，于是通过一项反种族仇视控诉把他带到了人权和平等机会法庭（Human Rights and Equal Opportunity Court）上。我们并非要说这种法律在精神实质上是错误的，但它的应用的确看上去不合逻辑，亚当斯案表明，它可能有某种令人厌恶的和意料之外的用法。在将来，它很容易被用做一种压迫性的武器，以便压制对一些问题的批评。我们从上文的例子中看到，它已经被用于压制对移民问题的批评。

虽然反恐怖法律自身尚未通过把环保主义者定义为极端主义者来直接压制对环境问题的批评，现代国家的法律体系却有足够多的手段来这么做。反诽谤法在澳大利亚这样的海洋法系国家中，要比在美国严格得多。在保护言论自由方面，澳大利亚的法律框架很糟糕，不像美国那样在宪法第一修正案中有宪法保护。反诽谤法起源于英国，是一种保护贵族的名誉免予批评和公开曝光的方式。今天，诽谤案件是大事情，受到伤害的当事人即使不索取数百万美元的赔偿金，也往往要索取数十万美元的赔偿金。企业和商人，尤其是房地产开发商，利用"SLAPP 诉讼"来压制对工程的环境批评。SLAPP 诉讼是为压制批评而战略性地设计的对反对者的诉讼——打击公众参与的战略性诉讼。这种战略就是，针对那些除了房子之外，往往没有其他资产的人，威胁要对他们提起巨额赔偿金的诉讼，除非他们停止反对和道歉。在澳大利亚，像 1974 年（联邦）的《贸易惯例法》（Trade Practice Act）的立法，最初是为了创造一种公平贸易的气氛而设计的一种消费者保护形式，已经被特定的企业组织用来对抗各种环保抗议者。其思路是证明抗议者通过抗议本身妨碍了贸易，而且常常索取巨额赔偿金。因为我们不愿招惹这种针对我们的诉讼，而且在某些情况下甚至在讨论中谈及案例都已经导致了下一步的诉讼，需要更多细节的读者可通过任何网络搜索引擎，使用合适的关键词在互联网上寻找这些东西。

难道我们应当以容忍为名义，对这些不和谐现象视而不见吗？自由主义者今天的做法，正如前一代左派掩饰了共产主义政权的恐怖行为和种族灭绝行为一样。但掩饰并不能让恐怖行为消失。

自由主义者缺乏站在自身立场上勇敢地面对内部冲突的基本能力。布赖恩·艾博雅（Brian Appleyard）在《理解当前》中以夸张的语气说道：

> 我认为，作为一个自由主义者实非人力所能。社会可能提倡自由主义的宽容和包容，但没有人会这样做。事实上，恰恰因此才保护了自由主义的社会。因为，个人对科学自由主义的完全接受将会使得社会堕落为消极的、野蛮的无政府状态。人们将没有理由做任何事情，没有值得做出的决定，当然也没有理由保卫一种立场而反对另一种立场。①

关于女权主义和文化多元主义是否相容的争论清楚地表明，自由主义在面对令人不快的现实方面存在困难。自由主义者支持妇女解放，支持男女平等，尽管他们不主张工作场所的实际平等。这种对平等的机械复述使人们想起《动物农场》和"某些动物比其他动物更平等"②。自由主义者也支持反种族主义、非歧视的移民计划，允许不同文化保持自己的传统。然而宗教激进主义者是强烈的反女权主义者，极力主张父权制。如果从原则上说，没有理由基于文化和宗教对移民加以限制，像法国这样的国家限制其

---

① Brian Appleyard, *Understanding the Present*: *Science and the Soul of Modern Man* (Picador/Pan Books, London, 1992), p. 236.

② George Orwell, *Animal Farm* (Penguin Books, New York, 1951), p. 114.

已经巨大的穆斯林人口数量的增长就是没有理由的。但如果这反过来造成了导致剧烈的民主变化的文化和种族变化，又怎样呢？这会损害妇女的权利吗？因此女权主义和自由主义的产物文化多元主义是彼此不相容的。①

自由主义者对这种问题的典型回应是用诬蔑性的话来非难提问者，通常把提问者称为种族主义者或者法西斯主义者。但那样并不能解决问题。先驱者可以被噤声，但问题仍然存在。政治正确性实际上是不要提问这种类型的令人不快的问题。显然，某些不同之处较之其他的不同之处要更为"不同"。

什么都行？自由主义的哲学

从哲学上说，自由主义作为一种政治哲学，是以个人主义（所有社会都是个人的集合）为基础的，并以快乐主义（满足个人的幸福和愉悦就是道德上的善）作为价值标准。这种以快乐主义作为价值标准是主观的，而不是客观的：正确的标准依赖于个人而不是依赖于某些永恒的标准。在真理问题上，自由主义者也倾向于相对主义：并不存在可以判定个人选择的客观真理标准。由于这一原因，言论自由应当得到允准，因为谁知道真理在哪里呢？这就是约翰·斯图尔特·穆勒（John Stewart Mill）在《论自由》中给出的对言论自由的经典自由主义辩护，② 但这种辩护似乎已经

---

① 关于女权主义和文化多元主义的自由主义原则之间的矛盾，见 S. M. Olin, "Feminism and Multiculturalism: Some Tensions," *Ethics*, vol. 108, 1988, pp. 661 - 684; J. Cohen, M. Howard, and M. C. Nussbaum (eds.), *Is Multiculturalism Bad for Women?* (Princeton University Press, Princeton, NJ, 1999).

② J. S. Mill, *On Liberty* (Longmans, London, 1874).

被现代自由主义者遗忘了。

穆勒的《论自由》说明了为何自由主义和民主有机地联系在一起：据说民主为自由主义从其内部矛盾中制造的哲学问题提供了解决方案。我们不知道关于特定事物的真理是什么，因此我们最好对这一事务投票，因为每个人的意见都与任何其他人的意见一样正确。①

在我们日常的论文中，在研究环境问题时，经济理性主义的作家们实际上是相对主义者，虽然他们可能会否认这一点。对于他们来说，世界只能从经济的角度来看。这就解释了为何《斯特恩报告》——《气候变化的经济学》，较之政府间气候变化专门委员会（IPCC）的长篇科学报告，有着更大的影响。斯蒂芬·博伊登（Stephen Boyden）描述的那种文化适应不良出现了。② 世界不是相对主义者认为的一种社会建构，而是一种经济建构。人并非根本上是一种（属于某种复杂文化的）生物有机体，而是经济行为人。新古典经济学认为，婚姻和大多数像法律这样的制度最好从经济学的角度来考察，也就是从效用满意度（utility satisifaction）的角度来考察。像全球变暖这样的生物物理过程得不到重视，因为经济现实性之外的世界实际上不存在。③

例如，据安东尼·巴奈特（Anthony Barnett）的《观察者》④报道，共和党众议员的新闻秘书都收到一封 Email，建议他们在准备 2004 年 11 月的选举时，关于环境要说的话就是告诉人们一切都

---

① James Burnham, *Suicide of the West* (Jona than Cape, London, 1965), p. 139.

② Stephen Boyden, *The Biology of Civilisation*: *Understanding Human Culture as a Force in Nature* (University of New South Wales Press, Sydney, 2004).

③ J. W. Smith, et al., *The Bankruptcy of Economics* (Macmillan, London, 1999).

④ Anthony Barnett, "Bush Attacks Environment 'Scare Stories'," *The Observer*, April 4, 2004, at http:/observer. guardian. co. uk/international/story/0, 6903, 1185292, 00. html.

是乐观的。全球变暖并未得到证实，世界森林是在"增长而非减少"，"世界上的水是清洁的，更多的人得到了清洁水"。这封Email 还说，"还不清楚空气质量和孩童哮喘之间的关系"，美国环保署宣称至少 40% 的美国溪流、河流和湖泊受到严重污染，以至于不能再用于饮水、游泳或者渔业，这种宣称是在夸大其词。① 这些言论的备忘录来源是那些接近社团主义中心的人——接受石油企业资助的右翼新保守主义智库和科学家。为了经济学意识形态的利益，科学事实被抛出了窗外。

或许有人回应说，相对主义者或者一部分相对主义者试图通过揭露理性科学的虚假而保卫被压迫者。但是，我们刚才已经看到，相对主义（这种观点认为，不存在客观真理，并且所有观点从其自身角度来看都是正确的）并不必然要保卫左派和被压迫者。再举一个例子，后来的激进自由主义科学哲学家保罗·费耶阿本德（Paul Feyerbend）提出，穆勒的自由主义的逻辑结论是，任何理论都和任何其他理论一样正确，也就是说，"什么都行"。② 他很愉快地承认，真理就像荣誉证章一样相对。费耶阿本德为创世论、伏都教和纳粹主义等极端主义的立场辩护，认为它们都是可行的自由主义传统。如果实在不过是一种协商性社会建构，那么毫无疑问这些传统不存在任何错误。相对主义为左派价值观辩护只不过是一种偶然事件：它同样容易被用于为右翼极端主义辩护。否认大屠杀和否认黑奴制度，就是否认客观真理和主张历史只不过是一种社会建构的观点所产生的一些恶果。

---

① Anthony Barnett, "Bush Attacks Environment 'Scare Stories'," *The Observer*, April 4, 2004, at http:/observer. guardian. co. uk/international/story/0, 6903, 1185292, 00. html.

② P. K. Feyerbend, *Against Method* (SCM Press, London, 1975); P. K. Feyerbend, *Killing Time* (University of Chicago Press, Chicago, 1995).

自由主义的挽歌

许多哲学家和社会理论家已经看到，自由主义的秩序已经到了尽头。英国哲学家阿拉斯戴尔·麦金太尔（Alasdair MacIntyre）在《追寻美德》[1] 一书中认为，自由主义是一种存在本质错误的哲学，因为它虽然伪称为主要的道德观体系，实际上只是处于竞争中的多种可供选择的道德观体系中的一种，而且不能提供对其自身基础的客观真实证明。我们看到，自由主义通过假定其基本概念"自由"具有第一位的价值，来回避关于其自身真理性的问题。麦金太尔在总结其著作时，认为自由主义根本不是一种真正的道德观，因为它未能提供一种与荷马时代的英雄社会相匹敌的道德世界观。自由主义未能提供一种人生哲学。[2] 如果一个人没有人生哲学，那么他就不能接受自然的价值。或许，正是对这种英雄人生观缺失的感觉，使得像《角斗士》、《指环王》和《特洛伊》这样的电影受到广泛欢迎。麦金太尔认为自由主义导致了这种社会秩序的最终终结，由于某种道德败坏，这种社会秩序必然崩溃和坍塌。麦金太尔主张一种小型集体的生存第一主义，他认为，只有小型的、独立于国家的、本笃会式的社会才能在自由主义制造的、正在来临的黑暗时代生存下来。

---

① A. MacIntyre, *After Virtue* (Duckworth, London, 1981). （见《追寻美德》，宋继杰译，译林出版社，2003。该书另有中文译本名为《德性之后》，译者龚群。——译者注）

② See D. Greschner, "Feminist Concerns with the New Communitarians: We Don't Need Another Hero," in L. Green and A. Hutchison (eds.), *Law and Community: The End of Individualism* (Carswell, Toronto, 1998), pp. 124 - 125.

早在麦金太尔之前很久的 1936 年，劳伦斯·邓尼斯（Lawrence Dennis）在其著作①中就认为，由于生态资源的稀缺，资本主义和共产主义都注定要灭亡，因为经济增长是有极限的。邓尼斯和其他人认为，自由主义的实质是，给予私有产权的关注多于对人的生命的关注。因此，现代自由资本主义为了自己的成功运作，需要一个以几何级数扩大的市场。增长的物理极限注定了资本主义的灭亡："即使是对现代资本主义的最苛刻批评，也没有质疑其继续以几何级数无限增长的能力"②。当然，这一断言是于 1936 年在美国提出的，而从那时起，许多人都提过同一个问题。邓尼斯认为，自由资本主义将像癌一样成长，它的直接后果是造成环境破坏。这种体制将不可避免地毁灭自身，并被一种永恒的威权主义形式代替。

威廉·奥弗尔斯（William Ophuls）是拒斥民主制并倾向于用威权主义解决环境危机的少数几位作家之一。其《生态学和稀缺的政治学》③ 一书中表达了此观点。不幸的是在该书的第二版中，反民主制的中心观点被修正了。④ 然而在其最近的著作《现代政治学的挽歌》中，⑤ 他又回归了拒斥自由主义的主题。

奥弗尔斯的《现代政治学的挽歌》的主题是，现代政治学已

---

① Lawrence Dennis, *The Coming American Fascism* (Harper and Brothers Publishers, New York, 1936).

② Lawrence Dennis, *The Coming American Fascism* (Harper and Brothers Publishers, New York, 1936), p. 17.

③ W. Ophuls, *Ecology and the Politics of Scarcity*: *Prologue to a Political Theory of the Steady State* (W. H. Freeman, San Francisco, 1977).

④ W. Ophuls and A. S. Boyan, Jr. , *Ecology and the Politics of Scarcity Revisited*: *The Unravelling of the American Dream* (W. H. Freeman, New York, 1992).

⑤ W. Ophuls, *Requiem for Modern Politics*: *The Tragedy of the Enlightenment and the Challenge of the New Millennium* (Westview Press, Boulder, CO, 1997).

经走到尽头，因为个人主义、自由和唯物主义这些启蒙时代的概念和价值不再具有可行性。他说：

> 现代文明的所有方面和地球的所有地方，都在陷入多种危机之中，这些危机使得现代文明统治的原则、实践和制度受到质疑。在这种"危机的危机"中，有一种危机仍有待于得到其应得的关注：自由主义政体是一种以古典自由主义和启蒙时代的理性哲学的原则为基础的现代政治体系，它的失败正在迫近。自由主义政体建立在本质上具有自我毁灭性和潜在具有危险性的原则之上。它在其集体主义形式上已经失败，并且与许多人的观点相反，它现在在其个人主义形式上也同样垂垂待死。……因此，现代文明的三个主要组成部分，即自由主义政体、资源开发性的经济和有目的的理性实践，因内部矛盾而漏洞百出。因此，文明处于崩溃之中。结果，现代政治潜在的极权主义，在未来的几年中，将展现其越来越大的力量。简言之，如果文明没有大的进步，我们将见证政治的崩溃。[1]

经济增长和发展是现代自由主义国家的存在理由，但这种现象受到了生态稀缺性，也就是增长存在极限这种观念的挑战。奥弗尔斯认为，这些并非仅仅是现代自由主义中的自我毁灭倾向。自由主义往往导致道德熵增加（即道德败坏），与之相伴的是个人自私破坏公民社会："自由主义政策因挥霍它们自己的道德资本而

---

[1] W. Ophuls, *Requiem for Modern Politics: The Tragedy of the Enlightenment and the Challenge of the New Millennium* (Westview Press, Boulder, CO, 1997), p. 1.

毁灭自身，这种道德资本就是它们从前现代的过去继承得来的古老美德的积累"①。我们可以看到这种现象的各种形态和形式：全球化市场体系对公民社会的破坏，② 教育成为保持知识分子一致性的方法，理性的衰退，犯罪，暴力和家庭瓦解。简言之，"美国体现了向野蛮化演变的过程，这种过程推动我们走向霍布斯哲学式的未来"③。在奥弗尔斯看来，自由主义的秩序没有未来。自由主义也到了尽头。

美国自由主义的终结可能比我们能够想到的要更快。汤米·弗兰克（Tommy Frank）将军领导了美国解放伊拉克的军事行动，他说如果美国受到大规模杀伤性武器的打击，导致大规模伤亡，宪法将被抛在一边，美国将会有一个战争形式的政府。在一次访谈中他说，大规模杀伤性武器打击美国的结果将意味着，"西方世界、自由世界，失去其最珍视的东西，那就是在我们称之为民主的重大实验中，我们看见了两百年的自由"④。他继续道，"或许就是在美国，导致我们的人民去质疑我们自己的宪法，并开始军事化我们的国家，以便避免再次发生另一起大规模的、产生伤亡的事件。事实上，这种事件从那时就开始拆解我们宪法的结构"⑤。

---

① W. Ophuls, *Requiem for Modern Politics: The Tragedy of the Enlightenment and the Challenge of the New Millennium* (Westview Press, Boulder, CO, 1997), p. 45.

② W. Ophuls, *Requiem for Modern Politics: The Tragedy of the Enlightenment and the Challenge of the New Millennium* (Westview Press, Boulder, CO, 1997), p. 56.

③ W. Ophuls, *Requiem for Modern Politics: The Tragedy of the Enlightenment and the Challenge of the New Millennium* (Westview Press, Boulder, CO, 1997), p. 56. See also J. R. Saul, *The Collapse of Globalism and the Reinvention of the World* (Penguin Group, Melbourne, 2005).

④ John O. Edwards, "Gen. Frank Doubts Constitution Will Survive WMD Attack," NewsMax. com, November 21, 2003, at http://www.newsmax.com/archives/articles/2003/11/20/185049.shtml.

⑤ John O. Edwards, "Gen. Frank Doubts Constitution Will Survive WMD Attack," NewsMax. com, November 21, 2003, at http://www.newsmax.com/archives/articles/2003/11/20/185049.shtml.

在这种情景下，我们值得引用澳大利亚宇宙学家约翰·奥康纳
（John O'Connor）更为近期的话，他提醒我们，文明往往是从内部
崩溃的：

> 肯尼思·克拉克（Keneth Clark）在一个著名的电视系列
> 纪录片《文明》中警告我们，社会无论看起来可能是多么复
> 杂和坚固，事实上都是相当脆弱的。例如，西欧的希腊—罗
> 马文明，在居于优势地位 600 年之后，几乎是彻底衰落，这表
> 明，当一个社会枯竭时……当它的人民变得过分习惯于他们
> 的文明赋予他们的权利、特权和物质繁荣，以至于他们对这
> 些东西的珍视不再足以使他们保卫、维持和增进这些东西时，
> 崩溃就可能发生。[1]

受人尊敬的社会理论学家查默斯·约翰逊（Chalmers Johnson）
在《帝国的悲哀》中，就美国的生存表达了类似的感情。[2] 这是一
种与本书所表述观点不同的观点；约翰逊把美国看做一个新的罗
马帝国，不过是较为开明的一个。然而，美帝国的扩张导致了
"帝国的悲哀"，这包括美国变成了一个债务国，欠的钱多于它在
任何时候可能偿还的钱。国际金融死死扼住了美国经济的喉咙。
经营一个帝国对于罗马人来说是昂贵的，而对于美国人来说甚至
更为昂贵。帝国的傲慢使得领袖们无视基本的现实：帝国的过分
扩张、僵化的经济制度和改革上的无能联合在一起削弱了帝国，
使得帝国在面对灾难性战争时容易受到致命伤害，而这些灾难性

---

[1] John O'Connor, "Are Civilisations Clocks Running Backwards?" *The Independent Australian*, winter 2004, pp. 22 – 23.

[2] C. Johnson, *The Sorrows of Empire* (Verso, London, 2004).

战争有许多是帝国自身招来的。没有理由认为美帝国不会走相同的道路，不会因为相同的原因而崩溃。无论如何考虑美帝国在全球的影响，美国的衰落将非常像一颗大彗星堕落到大海里。美国的死亡将意味着自由民主制的死亡。①

自由民主制同样受到这种帝国的悲哀的困扰。简而言之，这种体制是社会资本这种把社会团结起来的文化黏合物的腐蚀剂。②虽然理论家们关于这种腐蚀剂怎样发挥作用和发挥作用到何种程度存在不同观点，它确实发挥作用则是显见的。自由民主制的困难、矛盾和悖论非常之大，以至于它的灭亡是不可避免的。那么什么东西会代替它？什么东西应当代替它？本书剩余的部分将讨论这些问题。

---

① C. Johnson, *The Sorrows of Empire* (Verso, London, 2004), p. 310.

② For discussion see S. Brittan, "The Economic Contradictions of Democracy," *British Journal of Political Science*, vol. 5, 1975, pp. 129 – 50; Robert Kaplan, "Was Democracy Just a Moment?" *The Atlantic Monthly*, December 1997, pp. 55 – 80; P. Kelly, "Can Democracy Survive?" *The Australian*, May 30 – 31, 1998, pp. 25 – 26.

第八章
威权主义是否可能成为选项？

> 独裁天然是民主的产物，最坏的专政和奴隶制产生自最
> 极端的自由。

——柏拉图

文明的危机

环保主义作家与民主制传出了风流韵事。很多文章都概述了地球面临的危机，在最后一章的结论却不过是，只要有更多的民主和一个世界议会，[①] 或者只要建立一个本地自足的并与环境和谐

---

① George Monbiot, *The Age of Consent. A Manifesto for a New World Order* (Flamingo, London, 2003).

共处的直接民主的社会，一切问题都会迎刃而解。毫无疑问，生活在这种温暖、舒适和政治正确的世界中是一种享受，但这种世界远不是我们很可能要面对的现实。在我们能够描绘出我们应有的那种体制的轮廓之前，我们需要知道本书中描述的危险的最终可能后果是什么。

"文明危机"就是，人类面临着多重社会、技术和环境问题的相互交织，对此最悲观的回应是人类的灭绝。加拿大哲学家约翰·莱斯利（John Leslie）在他的书《世界末日》中采取了这样的观点。[1] 莱斯利认为，与水资源缺乏、土壤流失和气候变化等普通威胁相比，人类更多受到核战争、智能机器人崛起和小行星相撞等技术性灾难的威胁。他的观点是典型技术性逻辑学家对现实的观点。要想在这里直接反驳莱斯利的观点，我们需要研究太多的技术问题。一般来说，他的观点似乎确证了，除了四种科幻小说式的情景（杀人的机器人、用外来物质进行的高科技实验的失控、在地球上制造黑洞、纳米技术的"灰胶"问题等）之外，没有一种他书中简要描述的情景会消灭所有的人类生命。然而，我们知道，这些情景会毁掉现在的世界，并必然把我们当前的人口清除掉超过 60 亿人。[2]

我们仅仅考察我们讨论过的一个问题：廉价石油的终结。假设认为石油有限的学派是正确的。一些人估计 2008 年是石油生产的顶峰时间，另一些人认为是 2012 年，还有一些人认为会更晚一些，但很多专家认为这个时间会在本世纪的前二十年结束之前到来。

尽管石油乐观主义者希望石油价格的上涨会使其他能源更具

[1] John Leslie, *The End of the World*; *The Science and Ethics of Human Extinction* (Routledge, London, 1996).

[2] See J. W. Smith, et al., *Global Anarchy in the Third Millennium* (Macmillan, London, 2000).

有竞争力，并且市场力量会促使其他替代品取代石油，如果真的存在替代品的话，这一过程才会发生。所有其他的能源都有极限，例如核裂变和太阳能。[①] 即使有石油的替代品，也需要更换石油基础设施——而我们的文明没有石油就不能存在。塑料是用石油制造的，而没有塑料就没有以计算机为基础的社会。世界上的5亿辆汽车依赖石油；通过化肥和杀虫剂，农业也需要石油。煤炭和天然气只能作为应急措施，因为这些资源也会枯竭——其代价可能是通过全球变暖而使地球不适于居住。煤是用使用石油的机械开采的，而且煤炭的开采将会变得越来越昂贵。[②]

如果石油基础设施不更换，社会混乱就可能出现。例如，全球联系在一起的信息经济依赖充足和安全的电力供应。没有石油，电网的安全就受到威胁；有了石油，信息经济才能周转。事实上，即使是常规断电也会对经济产生很大影响，美国2003年8月的停电事件就表明了这一点。同样，我们的农业系统因为相似的困境也面临崩溃。当然，由于石油社会中的既得利益者不会以某个人对待战争那种程度的急切来寻求替代品，枯竭问题变得更加严重。即使是从乐观的观点来看，石油储藏量会减少，而石油价格会猛涨。现在还看不到全面替代的可能性，所以，即使文明不会崩溃，这至少是一种最严重的顾虑。我们已经看到，自由民主制的惰性阻止政府应对长期的威胁。任何政府即使只试图控制自由民主国家的投票公民对石油的一种使用，都会被抛出办公室。如果我们现实且诚实，我们必定得出结论说，自由民主国家的惰性肯定会让石油枯竭问题在还来得及的时候解决不了。[③]

---

① David Goodstein, *Out of Gas: The End of the Age of Oil* (W. W. Norton, New York, 2004).
② David Goodstein, *Out of Gas: The End of the Age of Oil* (W. W. Norton, New York, 2004).
③ J. H. Kunstler, *The Long Emergency* (Atlantic Books, London, 2005).

　　然而，石油枯竭问题已经导致了——至少是部分导致了——两次中东战争以及利用像《美国爱国者法案》这样的法律限制公民自由。美国对石油资源的渴望使美国在两伊战争中支持萨达姆·侯塞因（Saddam Hussein），并在对抗苏联的阿富汗战争中支持奥萨马·本·拉登（Osama bin Laden）。然后美国在阿富汗和伊拉克发动了两次战争。[①] 美国现在把它所有出口武器的1/4送到沙特阿拉伯，这是一个至少和伊拉克过去一样压迫人民的政权，很可能在将来还会是这样。有些人曾经认为，美国在中东地区支持以色列，是因为美国国内强有力的犹太游说团的推动，也是因为历史上以色列曾作为对抗所谓像埃及、伊拉克、叙利亚和也门这样的被认为是苏联化国家的堡垒。马来西亚前总理马哈蒂尔·穆罕默德（Mahathir Mohamad）在致美国穆斯林社会的一封公开信中说，"在巴勒斯坦，以色列的武装直升机和坦克碾平了村庄和城镇，杀死了无辜的男人、女人和儿童"[②]。有人认为美国支持以色列侵犯人权是导致美国成为恐怖分子目标的关键问题之一。以色列人的回应认为，巴勒斯坦人通过自杀式爆炸和恐怖主义侵犯了以色列人的人权，以色列人有权利自卫。[③]

　　据前国防部长唐纳德·拉姆斯菲尔德（Donald Rumsfeld）说，因为"9·11"袭击，美国已经开始"一场三十至四十年的针对宗教激进主义的战争"[④]。中央情报局预言，恐怖分子很可能在未

---

① M. Mendel, *How Amercia Gets Away With Murder: Illegal Wars, Collateral Damage and Crimes Against Humanity* (Pluto Press, London, 2004).

② Mahathir Mohamad, "Open Letter to American Muslins," October 16, 2004, at http://www.islamicity.com/articles/Articles.asp? ref = IV0410 - 2488.

③ See generally, for a strong statement against Zionism, A. Lovewenstein, *My Israel Question* (Melbourne University Publishing, Melbourne, 2006), and for a strong statement of the Zionist position, A. Dershowitz, *The Case for Israel* (Wiley, New York, 2004).

④ R. Freeman, "Will the End of Oil Mean the End of America?" March 1, 2004, at http://www.topplebush.com/oped284.shtml.

来 20 年内，在纽约这样的一个美国大城市引爆原子弹。纽约之所以是目标，是因为它的人口中犹太人很多。奥萨马·本·拉登在"9·11"之后公布的第一盘磁带中宣称，袭击的原因之一是为了惩罚美国支持了在他看来是以色列压迫巴勒斯坦人民的行为，而其他人认为这仅仅是饰词。①

我们在最后一章中声称，使用大规模杀伤性武器对美国城市进行恐怖主义大袭击很可能导致戒严法。在《美国爱国者法案》下，就已经可以没有可论证的理由随意逮捕一个人，不经起诉就可以无限期扣押一个人。然后想象一下，当权力精英真正受到威胁的时候，可能采取什么措施。

因此，我们有理由假设，现存国家为了应对它们的文明危机，将会抛弃自由民主制的结构。比当前存在的威权结构更为威权的结构将会出现。我们认为，这是从本书讨论的事实中得出的最合理的推论。我们预言，这种威权主义结构将会得到实行，以便保护正在衰败的现状，而不是开始打造一种新的统治体制。如果不是这样的话，就构成了历史的根本断裂，因为在整个人类历史中，当那些掌权者受到威胁时，他们总是维持现状直到严酷的终点。然后，他们通常被暴力取代。

不让斯大林和希特勒复活

在主张自由民主制可能会被威权结构取代方面，我们与一些

---

① Mendel, *How Amercia Gets Away with Murder* (Pluto Press, London, 2004); Dershowitz, *The Case for Israel* (Wiley, New York, 2004).

环保主义作家有所不同，这些人也拒斥环境危机的自由民主制解决方案。① 一般来说，这些作家认为只有中央计划经济才能应对解决环境危机的挑战。我们不加入那个阵营。我们认识到，致力于军国主义和工业化的计划经济具有同样的破坏性——如果不是比自由民主制更大的话。苏联并不是我们理想的地上天堂。在计划经济中，一群计划精英试图协调经济的各方面，这样的计划经济是走向灾难的方法，因为信息、混乱的非线性效应和不可预测的事件简直是太多了，不允许精确的计划。然而，我们相信经济的许多方面必须得到坚决的控制。这种立场到计划经济还有一段很长的路要走。

我们不留恋于这样的信念，即认为共产主义能够或将会拯救人类；但是我们认为，当发生威胁文明的变化时，最先走开的是自由民主的解决办法。法治将被抛弃，而强者统治将居于支配地位。我们并不表示我们喜欢这样；我们是在主张，就真实的政治而言，这是历史上发生过的，也很可能再次发生。我们也不支持在纳粹德国看到的那种威权主义形式，在纳粹德国，元首对社会的生死做出最终决定。当领导者因人类意志的弱点而屈服于腐败和疯狂时，这样的威权主义形式往往会导致社会灾难。我们的威权主义形式依赖于整个社会阶层的领导，而不是一个人，甚至不是一个政党。我们有更大的机会清除希特勒和斯大林层次的腐败和疯狂。但是我们不能保证；人生是不确定的，并且已经进入轨道，人类生活预示着绝望。

因此，我们与自柏拉图以来的其他反民主制理论家不同，除

---

① W. Ophuls, *Ecology and the Politics of Scarcity: Prologue to a Political Theory of Steady State* (W. H Freeman, San Francisco, 1977); Robert L. Heilbroner, *An Inquiry into the Human Prospect* (W. W Norton, New York, 1974).

了环保主义以外，没有另一种我们希望促进的以代替自由民主制的政治意识形态选择。我们想象不出，有一帮自由主义的领袖们坐在边房里，等待着在合适的时间上场，以便用民主的方式来拯救我们大家。相反，我们看到的是这样的严酷景象，那就是，在自由民主制被威权主义结构取代的过程中，自由民主制被其自身内部的冲突所摧毁。因此重要的是要追问，是否存在任何值得考虑的威权主义国家结构。我们相信新加坡就属于这种类型。

新加坡与"非自由主义民主"

面对自由民主的环境失败，我们或许能从新加坡这样一个国家学到一些东西，新加坡常常被称为威权统治和一种"非自由主义民主制"。新加坡在 1965 年取得独立，和当时的许多其他第三世界国家一样，贫穷且自然资源匮乏。① 今天，新加坡是世界上人均收入最高的国家之一，而且没有遭受富裕带来的分裂和社会化后果的影响。然而事实上，新加坡是一党制国家，议会反对很少，法律限制很多。人民行动党（PAP）自 1959 年当选后执政至今。它通过价值创造和充分就业致力于经济上的成功。新加坡拥有高水准的管理、住房、卫生、教育、交通和环境。新加坡利用了跨国公司的专业知识，但没有屈从于它们的哲学。实际上，人民行动党就是国家，为什么它的威权主义统治没有变得腐败和无能？

李光耀（Lee Kwan Yew）是人民行动党执政前十年的领导者。

---

① D. K. Mauzy and R. S. Milne, *Singapore Politics Under the People's Action Party* (Routledge, London, 2002).

他是一个非常聪明的、避免了个人崇拜的技术官僚，并建立了一支以智力能力和技术能力为基础的团队。政府是一种在其阶层内部实现更新的精英统治。领导权的过渡得到周密和合适的管理，没有自由民主国家盛行的辱骂和诋毁。经济发展成为一种使威权主义合法化的因素，反对的声音无足轻重。在议会反对的领域中，有被任命的成员代表特定的利益和专业知识。

人民行动党并不是演变为一种威权主义结构的。它是照着这样的模子创建的。李光耀说，人民行动党的创立者们"认为政治稳定是最优先考虑的事情，因为它是发展和现代化的先决条件。这种信念伴随着对西方民主制向亚洲社会的可转移性的共同担忧，也伴随着对不受束缚的民主制自身内部包含的总是会使民主制堕落为暴民政治的特定缺陷的基础性信念"①。这种来自一种亚洲文化的观点反映了柏拉图许多世纪前的结论，并由李光耀的成果证明了正确性。

新加坡证明，一个国家打造一群能够为全体国民创造富裕经济的知识精英是可能的。在这样做的过程中，新加坡不允许世界上自由民主国家的许多自封的领导者享有的那种自由。然而，领导者为了巩固其自身权力，使用恐怖威胁和强加的法律，日益侵蚀着民主制的自由。生活于这种剥夺之下，或者生活在能够提供人的安康所必需的基本需要的良性威权主义之下，哪一种更好？这正在变成一个存在争议的问题。我们把争论深入一步，我们要问，新加坡这样的体制能否得到发展，以便促成符合人类未来利益的环境成果？答案当然是肯定的。政府是由受到教育结构支持的技术官僚精英团队管理的，这种教育结构我们将在下一章进行

---

① D. K. Mauzy and R. S. Milne, *Singapore Politics Under the People's Action Party* (Routledge, London, 2002), p. 6.

阐述。分析自由民主国家的许多当选代表可怜且自利的表现，是采取这种选择的有力论据。

不幸的是，当联合国往往只是反映其成员国的易于导致争吵的、派系性的利益时，新加坡体制不可能发展到全球范围。所以，现在没有解决危机的一致行动的希望。然而，在更为地方化的管理体制的态度上，存在一丝希望。在美国，许多州和城市认识到了布什政府的放任性，并开始实施显著的温室气体减排措施。澳大利亚各州和欧盟成员国也实施了类似的行动。这些发展和未来社会必将成为全球化世界的对立面的论点相一致。将会有地方性的生产、消费和发电，这种地方性管理体制中将会包括环保措施，这种地方性管理体制为了确保自己社区的生存能力，可能承认继续利用威权方式的需要。

拯救宗教？

如果自由民主制在环境危机的压力和混乱下崩溃——这似乎是可能的，军阀统治就是一个可能后果。但就保持消费经济和增长经济的意义而言，这不太可能具有稳定性。因此，在经济衰退时，军事力量控制社会秩序一段时间后，经济很可能崩溃，这反过来甚至会威胁到军阀统治。所以，如果有充足的钱可以支付给士兵，军事力量只是一种有效的社会黏合剂。我们猜测，在未来的社会混乱中，即使这种社会黏合剂也会受到威胁。佩罗曼（Perelman）认为，只有存在社会黏合剂时，社会才能团结起来。[1]

---

[1] L. J. Perelman, "Speculations on the Transition to Sustainable Energy," *Ethics*, vol. 90, 1980, pp. 392–416.

当消费主义宗教瓦解后，什么能够取代它？人类的传统答案只有一个：宗教。佩罗曼预言，到 21 世纪晚期，自由民主制将会被一种封建主义形式所取代，与这种形式相伴的是以土地为核心的稳定的国家经济、依据社会地位或阶级进行的社会分层，以及一种神权政治。文化唯物主义的离去会在人们的生活（即那些还活着的人）中产生空白，这种空白传统上是由宗教填补的。在现代，西方的物质主义和科学填补了这个空白，但是在缺乏物质主义和科学的地方，例如大部分非洲地区，如伏都教等传统宗教实践仍在继续。今天在西方，传统的基督教教堂已经衰落，尽管基督教福音派的一些教派成员数量增加了，但这是以传统教会的损失为代价。由于现有教徒的动员和话语权加大，美国出现了明显的基督教原教旨主义。[①] 在美国、英国和法国等国家，伊斯兰教原教旨主义是发展最快的宗教。这些宗教提供物质主义的全面替代品，当危机发生且当前社会秩序受到冲击时，人们很自然会在"其他世俗"宗教中寻找庇护所。

基督教原教旨主义和伊斯兰教原教旨主义更适应一种威权的社会结构和一种稳定的国家经济，而不适应自由民主制度。然而，在为大众提供社会黏合剂方面，竞争者不仅仅是它们。虽然文明继续以当前方式发展会大面积地破坏自然界，但某些生物多样性仍将存在。那些稀缺的和赋予生命的东西是适合我们重视的目标。然后，生活在现代水泥丛林中会使热带草原和林地——这是我们本能的家园——显得更加珍贵。在绿色运动中和新时代运动方面，产生一种代替基督教和伊斯兰教的宗教，并不是不可能的。而且

---

① P. Norris and R. Inglehart, *Sacred and Secular: Religion and Politics Worldwide* (Cambridge University Press, Cambridge, 2004).

不难想象这种宗教的形态。有人会要求一个能够惩罚和奖励的超验上帝，因为人类似乎需要胡萝卜和大棒。然而这个上帝没有选民。它创造了富有多姿多彩生命的宇宙和地球：生命的意义在于保护生物多样性并通过生产日益复杂的生命形式使得进化过程可能享受持续创造的荣光。人类已经伤害了这个神圣的过程。那些继续破坏自然的人将会生活在陈旧的水泥丛林中休养娱乐，那是这种改革过的宗教的地狱。信仰者将会在和平和生态友爱的新的伊甸园内生活——但无论如何，或许这是基督教所关心的一切？所有这些讨论都需要写成优美的散文和诗歌，并由"上帝"交付给先知（而不是利润）。

荒谬！科学理性主义者将会这样说。这当然是荒谬的、无理的、愚蠢的！但无疑对基督教、犹太教和伊斯兰教的现代解读也是这样！然而，当这些宗教存在于其中的社会秩序崩溃或改变时，这些宗教却幸存下来。如果本书的预言是正确的，我们的社会秩序也将走向历史的垃圾堆。宗教在世俗的西方国家中的缓慢衰落将得到挽回。选择你想生活于其下的宗教，尤其如果你是一位女性。当然，如果我们要生活在神权政治之中的威权政体之下，我们就更有必要开始确定我们希望生活于其下的神权政治类型。如果基督教、犹太教和伊斯兰教等亚伯拉罕式的宗教没有现存的竞争者，那么重复过去就是我们将要得到的东西。

我们的目标并不是在任何程度上深入研究宗教的未来问题。宗教笃信和物质主义之间的颠倒关系已经被人们认定为事实，富国是世俗的，而穷国则沉浸于宗教，但很显然这并不适用于美国。然而我们发现，在富国，人文主义者和无神论者认为宗教会随着技术精密程度的增长而消亡的预言并没有实现。因此，可以预言，随着物质主义文化的崩溃，宗教在人们生活中将会变得甚至更重要。

我们追随了佩罗曼的主张，认为崩溃之后，自由民主制将会
被一种封建主义形式所取代。将会出现一种稳定的国家经济，这
种国家经济以土地和自然资源、依据社会地位或者阶级或者可能
是族群划分进行的社会分层以及神权统治为基础。我们现在开始
更详细地对这一问题展开论述，并对一些预期中的反对做出回答。

一种新的封建主义？

　　我们希望发起的争论在以法里德·扎卡里亚（Fareed Zakaria）
的《自由的未来：国内外的非自由主义民主》[①] 为焦点的论战中已
经得到相当大的解决。扎卡里亚认为，发展中的社会在自由主义
威权政体下进展得更好（即经济上）。这一问题是发展中世界为实
现经济增长而展开的国家最佳发展道路的争论的一部分。对于那
些已经读到这里的人来说，持续经济增长的假设受到了大量环境
证据的挑战，这一点是足够明显的。然而，至于像美国这样民主
泛滥的国家为什么会最终侵蚀基本自由，扎卡里亚做了一些重要
的观察。他也明智地观察到，阿拉伯世界的民主更可能产生像奥
萨马·本·拉登样的统治者，而不是约旦的阿卜杜拉国王。蔡美
儿（Amy Chua）在《着火的世界：自由市场民主的输出如何招致
民族仇恨和全球不稳定》中也对这一论点做了令人信服的辩护[②]。
我们在前一章中论证过，不仅仅是民主制，自由主义如果按其逻

---

① Fareed Zakaria, *The Future of Freedom: Illiberal Democracy at Home and Abroad* (W. W. Norton, New York, 2003).

② Amy Chua, *World on Fire: How Exporting Free Market Democracy Breeds Ethnic Hatred and Global Instability* (Doubleday, New York, 2002).

辑推导到最后，也会有非自由主义的衍生物。

人们错误地把封建主义与奴隶制和专制统治联系起来。专制统治和压迫性的、剥削性的统治既不是威权统治的历史结果，也不是其逻辑结果。奴隶制盛行于民主的雅典和内战前的美国南部。封建主义在欧洲是一种威权体制，但其存在时间长于资本主义的可能存在时间。戴利（Daly）和科布（Cobb）观察到①，它更是一种共产主义的体制，而不是资本主义或社会主义。约翰·斯图尔特·密尔（John Stuart Mill）在他的《政治经济学原理》中谈到，中世纪晚期的封建主义在英格兰产生了"一种自耕农，这种自耕农在其存在时，被吹嘘为英格兰的荣耀，在他们消失后许多人表示惋惜"②。即使是新古典主义经济学家阿尔弗雷德·马歇尔（Alfred Marshall）在研讨封建社会之后受到触动，他谈到，"在中世纪……居民的主体常常拥有全部的公民权，自己决定城市的对外和对内政策，同时用他们的双手劳动并引以为荣，他们自己组织成行会，因而加强了他们的团结，并在自我管理中使自己受到教育"③。

阿瑟·本蒂（Arthur J. Penty）在《行会与社会危机》④ 中对资本主义崩溃后行会及其功能进行了辩护。希莱尔·贝洛克（Hilaire Belloc）在《奴隶的国家》中⑤、科尔（L. Kohr）在《国家的崩溃》中⑥，以及彼得·拉斯莱特（Peter Laslet）在《我们失

---

① H. F. Daly and J. B. Cobb, Jr., *For the Common Good*, 2nd edition (Beacon Press, Boston, 1989), p. 15. The authors are indebted to this text for the references in notes 20–26.

② J. S. Mill, *Principles of Political Economy* (Kelly, Clifton, NY, 1973), p. 756.

③ A. Marshall, *Principles of Economics*, 8th edition (Macmillan, London, 1925), p. 735.

④ A. J. Penty, *Guilds and the Social Crisis* (Geoge Allen, London, 1919).

⑤ H. Belloc, *The Servile State* (T. N. Foulis, London, 1912).

⑥ L. Kohr, *The Breakdown of Nations* (Reinhart, New York, 1957).

去的世界》① 中对中世纪黑暗压迫性质的神话进行了普遍揭露。对那些关心环境危机的人来说最重要的是，数学经济学家尼古拉·杰奥尔杰斯库·罗根（Nicholas Georgescu-Roegen）② 证明，在人口过多和生产力低下的条件下——这是未来人类的可能状态，与资本主义条件下相比，封建主义让更多的人可能生存。我们指出，每一代人都有这样的心理，他们想要相信他们这一代人改善了人类的命运，尤其是在有着物质主义舒适的今天，生活一定是曾经有过中的最好的。但是，我们现在写的是，有说话能力的、舒适的、有工作的且封建的英国可能对今天的穷人、失业者和无家可归者是有吸引力的。

然而，我们认为，欧洲封建主义的特征是奴隶状态和相互忠诚，同样的奴隶状态和相互忠诚在新的社会秩序中的复兴存在很大的疑问。对这种新的社会秩序的一般性预测是，它将会有一种稳定的以土地为中心的国家经济，它将存在社会分层而不是实行平等主义，它需要某种形式的社会黏合剂，这种社会黏合剂在宗教被物质主义代替之前，传统上是由宗教充任的；除了这种一般性预测之外，很难对这种社会秩序做出任何合理的预测。

新秩序的特征是稳定的国家经济这种假设延续了本书辩护过的增长存在极限的论点。如果一种增长经济不是可持续性的，那么这种经济要么是一种稳定的零增长的国家经济，要么是一种常常下降并衰退的经济。一种衰退的经济最终会导致不可持续的经济崩溃。经过排除，一种可持续的经济必定是一种稳定的国家经济。

---

① P. Laslet, *The World We Have Lost* (Scribner, New York, 1965).

② N. Georgescu-Roegen, *Economic Theory and Agarian Economics* (Oxford Economic Papers, Oxford, 1950).

　　未来社会很可能是社会分层的且绝非平等主义的，因为历史表明社会过去曾经是这种情形。本书中辩护的假设是，自由主义及其价值以及民主制都不过是人类历史中的瞬间。很有可能，人类的大脑中存在威权主义、统治和服从的硬接线（见本书第五章）。这是一种合理的科学假设，与自由主义平等主义的假设相比，这种假设更符合已有的历史证据。

　　最后，我们考虑宗教这一社会的另一种社会黏合剂。首先，社会学的前提观念是，社会结构需要一种黏合剂或纽带物质来把人们团结起来。这种建筑物的比喻是恰当的。没有一个已发现的人类社会中不存在把个人联系起来的文化信仰。这种思想似乎在概念上就和社会秩序的思想联系在一起，而且，社会学的所有创立者——卡尔·马克思（Karl Marx）（1818~1883）、爱弥尔·杜尔凯姆（Emile Durkheim）（1858~1917）和马克斯·韦伯（Max Weber）（1864~1920），肯定都是这样认为的。其次，有些人猜测，人类还有一种指向宗教信仰的遗传倾向。迪恩·哈默（Dene Hamer）在《上帝基因》[1]中确认有一条基因应为此负责。尽管灵性基因的形象不可能那么简单，但有证据表明存在灵性的基因基础。一出生就分开的双胞胎，尽管抚养和环境不同，但倾向于相似的灵性程度，而且同卵双胞胎（单合子双胞胎）拥有相似灵性程度的可能性是异卵或双卵双胞胎的两倍。[2] 在过去，宗教为人类社会提供了社会黏合剂，当消费物质主义生活方式消亡后，宗教再做社会黏合剂的假设是合理的。

　　因此，根据本书的论述，封建社会的所有基本成分都是可以

---

[1]　D. H. Hamer, *The God Gene* (Doubleday, New York, 2004).
[2]　D. H. Hamer, *The God Gene* (Doubleday, New York, 2004).

预见的。我们并非完全不相信高科技的技术统治出现的可能性，在那种情况下，思想机器能够统治世界。然而，我们认为，流行电影（例如《终结者3》、《我是机器人》等）中所有的科幻场景预设了这样的技术进步，这种技术进步在工业化社会结束之前不太可能实现。因此，人类短期内不太可能把人类的意识传送到机器人形态中，并逃脱其生物的和生态的命运。

未来人类社会的最终形式依赖于人类为应对环境危机而采用的时代框架。正常情况下，大规模死亡将导致军阀统治下的生活，正如我们今天在失败的非洲国家所看到的那样。不那么悲观的场景则有无数个。

在这种情况下，除了已经做出的一般性预测之外，不对未来人类社会形式做出任何明确预测是明智的。然而，在本章的剩余部分以及下一章中，我们将粗略地描述理想中的威权政府应该是什么样子。

精英面对面

试图为生态上可持续的威权政府将会呈现的形象勾画出任何具体模型都是愚蠢的。我们不能期望在人类觉醒之前地球会遭受全面的环境破坏——如果他们确实觉醒的话。然而，在历史的这一时刻，我们可以做一些粗略的一般化的描述。

我们主张，任何可持续的社会，即使它是生活在电影《疯狂麦克斯：马路勇士》描述的状态中的一群部族的形式，也会是以生态为中心，而不是以经济为中心。利益将以生物为基础而不是以消费为基础。这将成为必须。我们认识到为了环境资源而走向冲突和战争的趋势（见本书第三章），我们强调对利用和平机制的结构的需要。无论作为近亲灵长类对我们有多大的吸引力，《猴子歪帮》① 中的游击方法必须受到谴责。

我们主张一种威权主义的统治方式，而自由主义思想家最为厌恶威权主义。但社会已经在金融精英的间接控制之下，自由只是假象并且正在消失。事实上，我们这些普通人将戴上枷锁，我们对这一事实无能为力，我们过去同样总是无能为力。但是，我们的思想或许能够影响枷锁的类型以及它们束缚我们的松紧程度。

我们从描述我们并不想要的精英开始；然后我们可能看到这种人的反面。今天的政府主要受到经济政策和思想方式的影响，并由选出的政治家执政，这些政治家除了极少数例外，大多都是以操纵腐败的政党机器的行家的形象出现的。那些靠策略战胜同事以获得领导权的人不情愿离开，并常常开始实施走向威权主义所不可避免的行动。选民普遍对他们的印象很差，我们有必要引用杰出的反偶像作家和政治评论家门肯（H. L. Mencken）（1880～1956）的富有洞察力的言论。他观察到，政治家们"至少在民主国家，很少有人仅仅因为美德而掌权——如果曾经掌权的话。当然，有时的确掌权了，但只是因为某种奇迹。他们当选的原因常常极为不同，其中的主要原因不过是他们有能力打动和取悦那些智力低下的人。……他们中会有人冒险说出简单的真相，说出全部的真相吗？不需要别的，只需要说出关于国家内外状况的真相。他们中会有人克制自己不做出他知道自己不能实现——没有人能够实现的承诺吗？他们中会有人讲一句话——无论多么

---

① Edward Abbey, *The Monkey Wrench Gang* (Harper Perennial Modern Classics, New York, 2000).

明白的话——来警告和赶走那一大群傻子吗？这些傻子聚集在公共食槽，沉醉于那越来越稀的稀粥，盼望之后接着盼望。答案是：可能开始的几周会这样做……但是一旦他们理解了问题的意义就不会这样做了，斗争已经急切地开始了……他们会自己脱去作为有同情心、公正和真诚的人的外衣，并成为纯粹的官位候选人，只为获得选票而弯腰"①。

汉斯·赫尔曼·霍普（Hans-Hermann Hoppe）在他的书《民主：失败的上帝》中发展了门肯对民主这一方面的批评。② 他说民主普选使优秀和正派的人不可能（我们认为很困难）升到高位。很像一锅含有杂质的开水，浮渣会升到表面。我们已经看到，民主选举就是这样的。霍普用他典型的粗暴口吻哀叹，在民主制下，领导者越来越坏，悲哀的是他们"很少被刺杀"。③

民主体制本身把最不适合为政府工作的人吸引到政治中。我们应该补充说，大多数威权体制在这一方面也有缺陷。掌权的精英通常在民主制崩溃的时候，总是首先通过暴力获得权力。然后建立压迫性的国家机器，而那些贪恋权力、把权力作为个人进步方式的自大狂使得这种国家机器长期存在。

我们给自己出了一个难以解决的问题吗？谁会成为新的精英？在金钱和自我推销统治一切的资本主义社会，是看不到他们的。由于我们希望避免自我选择，怎样把他们征募来服役呢？仅有理

---

① H. L. Mencken, *A Mencken Chrestomathy* (Vintage Books, New York, 1982), pp. 148 – 151, cited from H-H. Hoppe, *Democracy：The God that Failed* (Transaction Publishers, New Brunswick, 2001), pp. 88 – 89.

② Hoppe, *Democracy：The God that Failed* (Transaction Publishers, New Brunswick, 2001), p. 89.

③ Hoppe, *Democracy：The God that Failed* (Transaction Publishers, New Brunswick, 2001), p. 89.

智主义是不够的，因为在上世纪，知识分子和我们其他人一样常常屈服去为专制唱赞歌。①

　　或许，我们能够从确定历史上那些谦逊并为公共利益工作的领导者开始。是的，有一些人不符合社会的自私习俗。我们折磨他们、无视他们、烧死他们，而在现代则是枪毙他们。这些人是耶稣基督、佛陀、苏格拉底、阿西西的圣方济各和甘地。任务的艰难表明了人类的不完善。

　　我们更进一步地讨论这一问题。有对自我扩张和积累物质财富不感兴趣，并有广泛的知识、科学和社会管理技能，能够带领人类闯过环境危机的人吗？根据定义，他们没有把头放在胸膛上，来参加经济理性主义的争夺。人们已经花了几个世纪来找这样正直和博学的人。亚里士多德认为他们属于贵族。格雷厄姆（Graham）在《反对民主国家的案例》②中对此的解释是，贵族意味着"最好"。他们是这样一种人，这种人具有的心智能力和状态使得我们可以把政府托付给他们。16世纪的哲学家艾提安·德·拉·博埃蒂（Etienne de la Boetie）在他的著作《政治服从》中这样说：

　　　　总是存在少数天赋比其他人好的人。……事实上，这些人是这样一种人，他们拥有清晰的头脑和富有远见的心灵，他们不会像粗野的大众那样满足于观察脚下的事物，而是观

---

① Mark Lilla, *A Century for Tyrants*, extracted from his essay, "The Lure of Syracuse," originally published in *The New York Review of Books*, September 20, 2001; printed in *The Australian*, November 14, 2001.

② Gordon Graham, *The Case Against the Democratic State* (Imprint Academic, Charlottesville, VA, 2002).

察他们的周围、前后，甚至回忆过去的事物，以便评判未来的事物，并把过去和未来同他们现状相比较。这些人对自己有良好的认识，通过研究和学习进一步训练了自己。即使自由最终从地球上消失，这些人也能发明它。对于他们来说，不管掩饰得多好，奴隶制都不能令人满意。①

德·拉·博埃蒂和霍普都首先关注对个人自由的保护，这是他们体系中的核心价值观。但对于我们来说，自由并不是最根本的价值，仅仅是多种价值中的一种。生存作为一种根本得多的价值进入我们的脑海中。我们现在的主张是，既然争取自由的斗士总是可能出现，为生活和生存而战的斗士出现的可能性也会同样大——如果不是更大的话。如果给这些环保战士或哲学家提供机会，让他们在称为"真正的大学"的特定机构或学院得到发展和接受培训，事情就尤其会是这样。当前，我们的领导者主要是在这样的机构接受培训，这种机构使得我们的具有环境破坏性的体制长期存在并合法化。传统大学训练狭隘的、政治正确的思想家，这些人最终成为当前体制的经济战士。我们的主张是，用另一种框架来对抗这种状况，以便培训和全面教育一种新型个人，这种个人将会是聪明的，并做好了服务和统治的准备。与今天的关注内容狭隘的经济理性主义大学不同，真正的大学将会用所有的艺术和科学来训练全面的思想家，这种思想家是环境危机使我们面对的艰难决策所必需的。这些思想者将会是拥有立足于生态学知识的真正公众知识分子。我们将在第九章中详细描述我们如何开

---

① Etienne de la Boetie, *The Politics of Obedience: The Discourse of Voluntary Servitude* (Free Life Edition, New York, 1975).

始构建这种真正的大学,从而训练生态战士以进行反对生命的敌人的战斗。我们必须用斯巴达训练其武士一样的全力以赴来完成这种教育。正如在斯巴达那样,这些天生的精英将从童年接受特别训练以面对我们时代富有挑战性的问题。

未来的政府将会以生物圈的最高管理机构为基础(或者是把这种最高管理机构整合到政府中,这依赖于文明的崩溃程度)。这种机构将由经过特别训练的哲学家和生态学家组成。这些监护人要么亲自统治,要么依据他们的生态学训练和哲学敏感性向威权政府提出政策建议。这些监护人将为这项任务而接受特殊的训练。

然而,我们还能前进吗?有一些有能力并且没有受到追求权力和影响力污染的人,他们已经在经济回报很少的条件下为人类服务了,他们在职业领域、在科学和医学中、在企业的社会部门中为人类服务。对了,他们还在宗教团体中服务。但他们还不愿加入政治群体,而且,即使他们愿意,当前的政治阴谋集团也不会给他们腾出空间。国际社会论坛的产生可能会提供一些教益,用共同目标把个人联合起来,这是致力于环境公平和可持续性的国际组织的种子。这一组织不像各种犹太复国主义组织或耶鲁骷髅会那样封闭或者牟取私利,而是可能像改革后的罗马天主教会一样具有普遍性。圣弗朗西斯回来了!

威权领导存在于罗马天主教会中,在罗马天主教会,权力和贪婪被成功地压制,以便向信徒提供精神救助,向穷人提供食物。我们可以从该教会的做法中获得教益。在对人类的服务中,教会公开地拒斥极权主义和资本主义的破坏性,而教会的观点使它可能通过教导其教众而成为看护地球的组织的雏形。教皇约翰·保罗二世声称:

生态危机是一个道德问题……对生命的尊重和对人类个人尊严的尊重也扩展到对其他生物的尊重。……人类辜负了上帝的期望。尤其是在我们的时代，人类毫不犹豫地破坏长满树木的平原和山谷、污染水资源、损毁地球的栖息地、使空气不适宜呼吸、扰乱水文系统和大气系统、使丰饶的地区变成荒漠，并进行不加限制的工业化。……因此，我们必须鼓励和支持生态皈依，生态皈依近几年使得人类对自己曾经前往的灾难更加敏感。①

本文中一个多次出现的主题是，现代生活需要一种新的宗教基础作为消费主义和物质主义的替代品，从而赋予人的存在以主旨和意义。一位积极推行前面引用的教皇约翰·保罗二世的哲学话语的"绿色教皇"，将会对文明的挽救作出实质的贡献。但天主教教义还给我们的讨论作出了另一个重要贡献。罗马天主教会是存在时间最长的西方社会机构之一。它比习惯法、民主、英语和西方科学都要古老得多。教会目睹了一个文明的崩溃（罗马文明），经历了一个黑暗时代，并在战争、革命和瘟疫中幸存下来。作为一个社会机构，教会确实很不平凡，并且给我们所有人提供了如何建立一个能长期存在的组织的教益。

对我们的讨论来说重要的是，罗马天主教会不像破碎的新教教会，它有刚性的威权结构和严格的统治等级。如果罗马天主教会像一个民主机构一样运行——新教教会在某种程度上就是这样，我们很怀疑罗马天主教会是否可以幸存下来。我们并不把教会看

---

① John Paul II, "The Ecological Crisis: A Common Responsibility", World Day of Peace, January 1, 1990, at http://www.ncrlc.com/ecological_crisis.html.

成是可以复制出另一种威权模式政府的合适模型，因为让一个人成为"政治教皇"或世界皇帝显然是一种危险的赌博。然而，作为一个威权机构，教会的幸存也确实表明，如果安排合理，威权体制能长期存在，并且具有稳定性。

如果不能识别出人类历史上最成功的威权体制——企业，我们的讨论就是不完整的。这些体制拥有巨大的金融实力和影响力，并日益加强对国家的控制，国家也不能摆脱这种控制。它们玩弄民主就像猫玩弄耗子，然后在必要的时候杀死它。总而言之，我们认为，企业不是为了人类而存在，尽管它们会用所提供的舒适来给自己制造企业是为了人类而存在的幻象。在我们需要维护自然环境的讨论中，它们仍是一种邪恶力量。这种威权结构是严格的金字塔式，并把它们顺从的工人导向追求利润的统一目标。它们做什么都很成功，以至于一个人的财富可能比许多国家还多。结果它们站在食物链的顶端，而柏拉图的暴民则永远不能控制它们。其他人都附属于它们。或许只有以人类未来为统一目标的威权体制能够为了公共利益控制它们。

那么精英组成的威权政府会是什么结构？在第一章，我们暗示威权管理机构就像医院重症病房的结构，在重症病房中，个人权力、经济收入和个人扩张都被纳入拯救人的生命的目标中。在这里，多学科专家组成的团队无畏无私地为人类工作。这是未来国家和世界的一种模式。

更深入的讨论是不可能的。今天我们不愿意加上任何可能被我们选择的"重症特护管理政府"征募的人的名字，因为接受我们现存机构教育的所有人都有明显的瑕疵——包括我们！然而，作为达尔文进化论者，我们相信通过试错和选择过程可以消除缺陷。在文明之船漂浮着的时候，我们能够再造文明之船，尝试着慢慢地生产出更合格的人类，这些人比我们少一些自私，多一些利他主义。

任何一种以教育为基础的领导改变的时间表都会是几十年，当然，人类不会把等那么长时间当做乐趣。因此，我们认为，某种经济或社会失败的发生导致我们现存社会制度的崩溃存在相当大的可能性。因此就会有牺牲；我们无法逃避这样的事实，对人类的一次大规模清算将会到来。我们主张建立一种危机管理模式，这样文明就不会灭亡；我们希望拯救文明的残余。

当然，当提出任何"如何走到那一步"的策略的假设时，我们没有回答随之产生的所有问题。考虑到很少有人想过在这样糟糕的场景下要做什么，我们认为有一些措施总比什么都没有要好。考虑到我们已经概述过的问题，很难看到一个人能去别的什么地方或做别的什么事情。因此，请把我们的主张看成是一个能够进一步展开的研究项目的"半成品"。

第九章
柏拉图的复仇

> 除非是哲学家们当上了王，或者是那些现今号称君主的人像真正的哲学家一样研究哲学，集权力和智慧于一身，否则国家是永无宁日的，人类是永无宁日的。
>
> ——柏拉图

柏拉图重载

在前一章中，根据我们对人性的革命性理解，同样也是根据对人类面临的严峻生态现实的认识，通过一系列思辨的，但我们认为理性支持的、关于人类社会可能进程的预言，我们引进了威权主义的立场。

我们认为，生态的、社会的和政治的力量交织在一起，对自由社会的生存——如果不是人类文明自身的话，构成了一种可能致命的疾病。例如，仅仅预期的石油资源的减少就威胁着工业社会的继续存在；但这只是许多问题中的一个。气候变化也威胁到增长经济的持续存在。作为西方社会的主要社会黏合剂的消费主义和物质主义依赖于不间断的增长；但是，如果增长接近极限，那么作为社会黏合剂的消费主义就注定灭亡。自由民主社会将很快分解，并且比威权政体下的社会分解得更快、更加混乱。在威权政体下，人们的生活水平更为适度或者是谋生性的。西方社会位于食物链最顶端，它们向下掉的距离会很长。我们认为，自由民主社会面临的社会，政治和生态压力会逐渐把这些社会转变成威权政体，我们已经勾画出了这一转变过程如何进行的轮廓。我们不相信大众最终会起义反对黑暗力量。美国和澳大利亚 2004 年的大选很好地表明，自由民主国家和极权国家一样，选择向那些首先是消费者的大量举债的个人推销对恐怖活动或者金融破坏的恐惧。这两次选举中都没有提到"环境危机"。很明显，自由民主社会不能做出艰难的环境抉择，因为市场经济的精英和公民已经变得太自私而不能做出牺牲。

在本章中我们要解决的问题是，我们能做点什么来避免人类惨淡的未来——如果能做点什么的话。我们要加上限定词以便说得更准确一些，是彻底地和绝望地惨淡的未来。我们认为，依据现有的所有科学证据，现代社会是一辆最终会面临严峻现实的脱轨列车，轨道的尽头矗立着生态大山。使列车在撞击之前停下来的希望很渺茫，但列车的速度可以减下来以降低影响，而且一些车厢也可能在最后撞击之前与列车分开。

那些拒绝民主思想的人最终发现他们转向了柏拉图的《理想

国》，这本书是对雅典民主最全面的批评。柏拉图（约公元前
427～前347）被许多学者认为是古代世界最重要的哲学家。他像
那个时代所有伟大的思想家一样，试图形成一种关于"实在"的
全面观点，在他的对话中，通过其老师苏格拉底这一角色回答例
如"什么是知识？"和"什么是公正？"等问题。对于柏拉图来说，
由"实在"而不是习俗决定断言的正确与否。因此，例如公正的
真正定义是，在所有方面都完全公平，并且不会随着地方的变化
而改变。正义是永远正确的，不会改变，并且不限定于任何具体
的时间或地点。柏拉图把永恒真理的实在称为"理念"。优先得到
理念的永恒真理的人是哲学家，这是因为哲学家按照定义就是爱
智慧的人（"philos"的意思是"爱"，"sophia"的意思是"智
慧"）。哲学家追求真理，因此获得知识而不是纯粹的信仰。哲学
家热爱真理，憎恨谬误。

　　柏拉图把哲学比喻成一艘船。民主的船长对航行一无所知，
所以水手们寻求控制船只。他们也对航海和驾船一无所知。人们
没时间等那些拥有真正的航海和驾船知识的人。把比喻的意思表
达出来，柏拉图主张，政府需要哲学家拥有的技能和智慧。关于
实在的知识——而不是关于现象的知识，只能通过艰苦的智力训
练获得，只有哲学家拥有真正的知识。其他人生活在信仰世界，
而不是知识世界，推动他们的是自我利益而不是对真理的热爱。

　　柏拉图勾画出了他的理想社会的详细观点，我们在这里不需
要关注它的准确细节。柏拉图没有可靠的机制来实现这个社会，
他承认从来不曾存在这样的社会，但是希望某种机会或神的启示
能引导哲学家成为国王。柏拉图没有说这可能在哪里发生或什么
时间发生。

　　对于现代人的头脑来说，柏拉图的所有论点几乎都受到质疑。

特别是对作为一种哲学知识的柏拉图的理念论的拒绝，就足以打倒《理想国》的政治大厦。即使如此，过分理性的哲学王观点很难适应现代进化和心理学。理想国即使它自己的时代也是一个幻想。但是，并非幻想的所有因素都是不现实或不可完成的。

我们认为哲学王的精英阶级统治的思想有一些价值。有些人具有很高的智力和很高的道德水平，为了应对文明危机的目的，他们接受了生态学、各种科学、哲学（尤其是伦理学）等许多学科的训练。他们的目标并不是为知识本身，而是为了地球上的生命去获得知识。这些新的哲学王或生态精英将会忠于生命的价值，就像经济全球主义者忠诚于金钱和贪婪的价值一样。我们会在本章剩下的部分总结我们的论点。

文化基因的意义

我们的论点是，需要建立新的大学来培养一批新的思想家和活动家，以便我们能无所畏惧地解决本书中讨论的问题。一所真正的大学是为人类和自然的根本需要服务的智慧的中心。我们很难相信，根深蒂固的政府/法人企业能被民主地取代，但有希望的是，当危机到来时，新启蒙的人将会在民事防御系统、政府中服务。

文化基因的概念很切合这次讨论。理查德·道金斯（Richard Dawkins）在《自私基因》① 中提出了文化基因，在这本书中，他认为我们的基因进化包括变异、选择和适者生存，可能还伴随着

---

① Richard Dawkins, *The Selfish Gene* (Oxford University Press, Oxford, 1976).

一个复制或模仿对生存至关重要的信息的过程。通常文化基因的信息对我们是有利的,例如原始人的食物储备或猎物的地理定位,或现代人学习如何在驾车时保护自己。这些行为都是模仿来的。

文化基因是我们大脑中巨大信息系统的思维模式。它们和语言相联系,而语言可能帮助了文化基因的形成,通过把文化基因传递给文化基因得到复制。通过观看有趣的图像和名字,或通过欣赏悦耳的旋律,文化基因被创造出来。这种基因使所有人的大脑都得到愉悦和乐趣,例如可口可乐就是通过巧妙的广告创造并传播的。显然很难科学地研究文化基因,但是它们能为重要的行为和心理事件提供一种有用的模式。例如,历史上,通过能够控制大多数人思想的思维模式,宗教狂热在人群中得到传播,宗教狂热影响极大,以至于认为可以牺牲不信仰的人。马克思主义和法西斯吸引了国家的一代人,并影响了信仰者的所有态度就是例子。资本主义通过新奇的消费品广告激发了我们大脑中的文化基因的兴趣和活动,这对资本主义的成功至关重要。

对文化基因进行更深入的分析具有自我毁灭性,因为分析会产生这样的结论,我们每个人都是文化基因的集合,文化基因在我们的大脑中相互影响。没有自我,没有自由意志,只有被风吹过人类大脑和社会中的神经细胞丛的信息的集合。但我们先停下来,不要做出这种令人沮丧的结论,这种结论会使得教育和生活没有意义。然而,作为改变社会的方式,快速的文化基因已经取代缓慢的进化,这种结论是公平的。

引人注意的是,几代人之前的思想与今人思想相比较,差别是多么巨大——实际上是背道而驰。90年前"一战"开始的时候,与我们的长期进化相比,当时的基因状况与我们今天的基因状况实际上是相同的,当时社会流行的思想现在看起来是不可理解的。

战争的乐趣、惊险和义务被以百万计的年轻人接受，并受到社会
定义原则的支持，今天则似乎在挑战我们的理解力。这些思维模
式在社会上引起共鸣，创造了统一的信念和目标。随着世界信息
和通信系统的发展，文化理念、音乐和图像以同样的方式在全球
引起共鸣。

经济全球化和消费主义的表现类似传染性文化基因。它们横
扫西方文明的政府、官僚和企业，而现在正在感染其他文化。信
仰者不能想象任何其他体制；那些反对者是经济宗教的异教徒，
他们是退化论教育主义者，他们是右翼或左翼的政治极端主义者。
大学就困在这个思想网络中。大学只有一种模式，变化很少，这
种大学模式遍布全球。这是一种文凭主义的模式，学位向企业雇
主展示受到欢迎的品质，例如上进心、毅力，以及遵从和合作的
能力。① 大学文凭是筛选求职者的机制。大学为服务于工业而调
适，推动着竞争和消费主义，并且排挤对这种事业无益的思维模
式。它的支持者很狂热，而反对者则被边缘化或被取代。同僚们、
出版社和媒体迅速摒弃批评的或不顺从的文化基因。

然而，进化需要变异，然后才是选择。社会总是以这种方式
变化和进步。现在，这项任务对于思想家、学者和实验家来说更
困难了。社会曾经因多样性而繁盛，但是，在一个据信从思想上
和行动上支持个人主义的社会中，这种多样性受到压制。② 为了赶
上对多样性的需求，我们需要另一种有着不同价值和目的的大学。
网络和虚拟大学提供了许多结构性选择，但是这些只是重新包装
了消费者社会的占有需要。它们在世界市场上争夺学生的学费，

---

① Jane Jacobs, *Dark Age Ahead* (Random House, New York, 2004).

② David. W. Orr, "Slow Knowledge," *Conservation Biology*, vol. 10, no. 3, June
1996, pp. 699–702.

并在证券交易所上市。我们没能满足人类的根本需要，因为我们允许我们的大学成为一群模仿企业界老大哥的相似者并进行竞争。

智慧：所罗门王的心灵

关于教育的文章和书籍不可胜数，其中的每一件及其对文明的贡献都应该建立在之前出现的基本思想的基础之上。一所真正的大学必须考察知识的意义。很少有大学这样做。但一位哲学家尼古拉·麦克斯韦（Nicholas Maxwell）①的思想，给了我们一个重新思考、重组和考察大学的大致框架。麦克斯韦把哲学和我们时代的痛苦与不幸联系起来。现在，获得知识是进行人文科学、社会科学和自然科学研究的基础。麦克斯韦认为，人类需要一种新的探索，这种探索给予人的问题上以理性的优先权，因而试图加强智慧和聪明地生活的艺术。这是从苏格拉底时代以来就被长期忽略的思想。如果我们的目的是改善人的生活质量，把理性的优先权仅仅给予改进知识的任务是极度不合理的。相反，我们必须把优先权给予对我们的生活问题的清楚表达，并提出和批评可能的解决方法。新知识不是我们需要的首要东西；我们需要以新的、合适的方式来行动。由于情况紧急，我们需要发展一种更严密的探索方式，这种探索方式在很多方面完全不同于我们现有的方式，这种探索方式的基础不是知识进步，而是智慧进步。麦克斯韦的观点指出了向前的道路，因为这些观点把人类的问题置于探究和

---

① N. Maxwell, *From Knowledge to Wisdom: A Revolution in the Aims and Methods of Science* (Basil Blackwell, Oxford, 1984).

行动的优先地位。最紧急的问题是和平、贫困、世界卫生和环境修复。

接着，麦克斯韦区分了知识的哲学和智慧的哲学。知识的哲学把获取知识看做探索的正确目的。这可能被用于促进人的安康，但是知识的应用通常并不是这种传统关注的焦点。这种传统关注的东西是理性的，而不是实践的，因为知识是理性探索的基本目标。对这种知识的哲学的基本描述如下。

绝对必要的是，探索必须不受到任何种类的社会的、经济的、政治的、道德的或者意识形态的因素、压力的影响，这些东西往往影响我们社会的思想。感觉、欲望、人的社会兴趣或抱负、政治目标、价值、经济力量、公共舆论、宗教观点、意识形态观点、道德对价等，不得以任何方式影响理性领域的科学或学术思想。只有事实、真理、逻辑、证据、实验和观察的可靠性以及成功等问题，必须考虑在内。只有这些因素才能得以影响真理的评判和知识的获得。所有额外添加的超学术的人的、社会的考虑因素必须受到严格控制和忽略不计。根据这种知识的哲学，文学和艺术对知识没有理性的贡献；它们对真理没有作用。实质上，可以把这种观点视为一种把我们导向当前社会文明危机的理性自我的旅行。

相反，智慧的哲学提供了一个完全不同的视角。它运用理性加强智慧；智慧被理解为为了自己和他人去发现并获得生活中想要的和有价值的事物的欲望、努力和能力。智慧包括知识和理解，但超越了知识和理解，智慧还包括对价值的欲望和积极争取。智慧包括体验价值的能力，以及为了实现价值而运用和发展知识、技术、理解力的能力。智慧也像知识一样可以想象，不仅在个人方面可以想象，而且在制度或社会方面也可以想象。因此，我们可以这样解释智慧的哲学，它断言，理性探索的基本任务是帮助我们开发更聪明的生活方式、制度、习惯和社会关系，开发出一个更聪明的世界。

生活的方方面面都产生智慧的例子。西方文化中，《圣经》讲述了很多聪明的思想和行为。所罗门王裁决过两个妇女之间谁是孩子的真正母亲的争议。每个妇女都宣称拥有所有权，绝不让步。王说："把孩子分成两半，这一半给这个人，另一半给那个人。"[①]然后，真正的母亲为了避免孩子的死亡，说把孩子给另一个母亲。相反，假冒的母亲则要求把孩子分开。通过这种方式，王确定了真正的所有者。在这次审判中，所罗门王认识到并利用了天生的母性反应。这不仅仅是他的知识和经验的应用，这也是关于人性、反应和情感的智慧和理解力。

大卫·奥尔（David Orr）把智慧运用到环境问题背景中，作为"慢知识"的一部分，"慢知识"是在文化成熟的进化过程中积聚起来的。[②]"慢知识"包括如何做实际的事情；它是许多代人对知识的精心保护和添加。它以智慧而不是小聪明为基础来构建社会，它认识到轻率地应用知识会毁灭所有的知识，例如核战争和生化战争。确实，只有知识而没有智慧的教育可能会让人们越来越严重地破坏生态服务。土著人表现出的智慧是一代代人用故事和神话传下来的，是知识和对知识的理解。所有的文化中都存在这样的智慧，尽管我们可能发现在陌生文化中很难识别出智慧。但在西方文化中，我们发现了很多专业领域中的例子。医学实践被认为是一门艺术，同样也被认为是一门科学，因为它需要智慧

---

① 1 Kings 3: 3-28 (King James).

② Orr, "Slow Knowledge," *Conservation Biology*, vol. 10, no. 3, June 1996, pp. 700-701.

和判断做出以医学科学为基础的结果。

这些讨论的结果如下：个人随心所欲地自由追求知识是一个错误，因为必须在社会整体需求的背景下考察自由。必须有判断和智慧。对那些奉行自由主义大学理念的人来说，研究自由曾是一个圣杯。由此得出，真正的大学将有一个议程，这一议程包含完成人类未来安康所必要的那些任务的优先权。

废墟中的大学

这些结论与科学有特殊的重要性。科学仅仅追求知识。相比之下，教育的定义更广泛，因为它不仅涉及追求知识，还包括促进社会理想和人的价值。科学已经脱离了其哲学渊源，我们需要把科学重新整合到教育实践中，教育实践包括伦理、价值和社会背景。精英群体从事的科学，很少关注科学的结果及科学对人类幸福的贡献。科学的自由必须受到伦理的制约，必须遵守预防原则。另外，科学必须能够在重要问题上向公众提供明确而独立的意见，社会必须有方法鼓励或引导科学从事当今世界重大问题的研究。

不幸的是，大学在所有这些问题上都不同程度地失败了。期待当前的大学体制能接受这些改革就太过分了，因为大学受到商业现实和科研现状的很大影响。大学需要改革每个科学学科的课程，以便给学生提供关于科学的渊源、科学的有限性和责任的知识。当老师谈论重要问题时，他们要发出有力、独立的声音，不害怕报复。资助体制需要提供免于商业影响的独立资金。需要有应用和管理领域的研究，这些研究应对的是对于人类具有重要意义的社会、社区和世界性问题。没有证据表明这些问题的任何一个在今天的大学受到了重点对待。新制度需要新结构来实施这种改革并培养和谐发展的科学家。

由于这些原因，我们很容易认同比尔·李丁斯（Bill Readings）[1] 的大学处于废墟中的观点，但是因怀旧而转向以前的文化既不实际也不可能。彻底改变并接管大学不能是让大学恢复原状。李丁斯认为我们只能接受大学的企业身份，此外别无选择。在大学里，我们可以在废墟中漫步，并利用这些大楼和建筑物进行进步的和新的思考。我们可以过一种半自主的生活，同时服从管理机关。我们得到的空间可能仍允许我们进行思考和交流。思想是非生产性的劳动，所以没有出现在大学的收支决算表中，它被当成废物忽略不计。但是，如果想在废墟中保留有用的活动，思想就必须受到保护。

李丁斯把对思想的威胁比作美国古老森林的逐渐缩小。这是一个很好的类比。有人会问，需要多少哲学家或红杉来保护实体及其多样性。要求伐木工人和环保主义者之间实现妥协的每一次呼吁都意味着更多的森林被砍伐。政府和学院之间的每一次互动都使大学里的思想自由减少。我们还不清楚零回报到来的具体时刻，[2] 在环境问题上我们明确主张预防原则。在大学里，预防原则对思想自由和思想本身并不适用。我们许可"废墟中的大学"这一节里的文字和思想一起参与作为全球化社会的一部分的交流

---

① Bill Readings, *The University in Ruins* (Harvard University Press, Cambridge, MA, 1996).

② 这里的意思是，对环境的破坏最终将会使得破坏环境的行为无利可图，同样，对思想自由的控制的逐渐强化最终将会使得大学失去创造力，因而政府无法从大学受益。——译者

活动。

比尔·李丁斯对大学转型的解释的概念基础是，大学曾经扮演过国家的角色，这种角色反过来又让大学扮演了文化的角色。随着全球化，大学不再承担国家角色，船只失去了方向舵。李丁斯问，大学对谁负责？负什么责？作者的哲学是，这一问题不再重要，因为大学已经死去，消失了。大部分的大规模讨论都是事后分析的性质。重要得多的是，尝试创造一个企业，这个企业具有学院思想的某些积极属性，并能控制这些属性以服务于人类的必需。思想着的人类有能力解决大学即使在衰落前几十年也不曾遇到的问题。我们的问题是全球性的，因此要求一所全球性的真正大学来解决它们。

真正的大学

我们不需要因定义使命宣言而兴奋。我们来尽可能简单地描述真正大学的目的。真正的大学会推进世界人民的根本需要：和平、平等、救济贫困、创造健康，并用知识和智慧来看护环境。这一定义的优点是，它使诸如科学、经济学等学科服务于人类的需要。这些学科将与语言、艺术、历史和哲学一起，成为智慧的工具。

我们会在本书的姐妹篇中描述真正大学的详细结构、职能和作用。但是，真正大学的基础不会是砖块、灰浆和大学礼服。互联网是最近几十年人们最熟悉、影响最深远的技术发展。它和其他的发现一样，既能用来做好事，也能用来做坏事。它是色情小说、恋童癖、种族诽谤、欺诈、非法组织等许多事物的推动者和避难所，而对于年轻人而言，它的视频游戏能把他们训练成为杀手，或者对他们洗脑使他们进入消费社会。它给人们提供了参与和加强民主的权力，并使得社会力量全球化，这种社会力量可以被用于公平、教育、环境意识、人权和真正大学的建设。互联网及其派生物会使工业革命相形见绌。它的影响如此深远，以至于社会开始改变其工作和职能。

现存的大学欣然接受互联网，不是为了世界和平、公正、保护环境或消除贫困而强化知识，而是为了和其他经济导向的大学竞争远方的学生。这些遥远地方的学生将为通过互联网进行的课程支付费用。如果希望这些大学的动机和政府的资助是使大学通过互联网为社会下层和穷人提供教育，或许就太理想化了。

所以，互联网适合哪部分的高等教育？互联网极大地加强了个体研究者之间和研究团队之间的互动。不管是在世界的哪个地方，研究者坐在个人办公室里或家里，就能快速并互动地思考概念、资料和论文。世界各地的学术团队、官员和公民都能撰写有关卫生、公正和环境的国际报告。这些报告不经出版社和媒体有偏见的挑选就能发表出去。超过1000名科学家组成的政府间气候变化委员会运作了很多年，他们要生产和评价能够引导世界远离全球变暖灾难的信息。这可以被看成是真正大学工作的先驱，真正的大学将为学术团体、教师和其他人之间就相关主题的快速互动提供手段。

人们有可能得出这样的结论，如果今天的大学希望继续做和国家经济相联系的学历机器，那么，新的或者真正的大学，即学者、评论家、思想家和公共知识分子之间的联系，能够并将存在于这些旧的大学之外。今天，利用计算机、互联网和电子出版物，思想家之间的互动与思想和观念的传播比历史上的任何时候都要容易。原则上说，每一个受过教育的人都能在电子市场上成为探讨哲学的苏格拉底。事实上，历史上许多重要的人类进步都发生在大学体制之外。在希腊古典哲学中，我们有苏格拉底和他的无休止提问的哲学的例子，这种提问似乎主要是在雅典市场上实践的！除了哲学，世界上许多伟大的文学、小说、戏剧和诗歌都产生在大学之外。即使是在严重依赖大学中昂贵的基础设施和实验室的科学领域，重大进步来自主要在社会中工作的思想家——我们仅仅列举少数几个人，爱因斯坦、孟德尔、达尔文和拉夫洛克。

但是，真正大学中科学结果的分析是很重要的。需要对重大科学问题作出一致的声明。声明要来自独立的科学家。他们要有能力，而且要通过公布他们的经济和科学利益表明他们的公共立场和正直性。在打造科学家的国际行为准则——科学的希波拉克底誓言——的过程中，他们将发挥重要作用。

但是，真正大学的作用不仅仅包括科学和社会材料的评估，它将为社会提供新的跨文化的且有远见的视角。构建另一种社会首先要求定义那个社会的幸福和持续所必需的任务。挑几个例子来说，任何共识中都可能产生的任务是改革食物生产以保护土地、避免水道和沿海地区的污染、开发新方法来保证公平分配而不需要过多的运输费用和能源消耗。结果是，本地生产本地消费将受到鼓励。其他必需的环境任务是保护森林、重新绿化来固定脆弱的土壤和水源涵养、保护天然水道并发展化石燃料的天然替代品。

可再生的原则也应该扩展到城市环境中，在那里，世界上比较古老的城市需要大规模地修补供水和排水系统、修缮住房以利于卫生、能源保护和社会凝聚。现在所有这些项都将导致环境负债或其他负债，这些负债在未来的某个时候会变成经济债务。另一种社会的必要任务还将会包括个人和全民健康、福利和提供教育，以及依据可持续政策提供的基础设施。经常处于隐藏中的深层生态哲学将会提供帮助。人们应该认识到，继续当前经济的增长很可能导致环境灾难。因此，我们有说服力很强的理由来创造一个供应充足的社会，把劳动力和过度消耗的资源转移到环境修复和保护以及社会凝聚上。解决资本主义缺陷的问题之所以难以克服，原因就是缺乏对替代物的想象。替代社会将会从一个密切联系和相互联系的社会演变出来。

新野蛮人社会

传统主义者对这些最初评论的反应可能是哭泣，"我们负担不起，我们会被税收湮没"！然而，我们应该提醒我们自己，创造货币是为了让服务的交换更简单。政府对税收改变的广泛社会影响建模，我们可以用同样的方式为一种新金融体制建模。所以新社会的必要任务可以建模型。要重新部署时间和资源以免用于消费，消费通常要征税以补偿生活必需品。但是，当我们认识到，对社会来说很多消费都是多余的，并会造成对未来的负债，我们就能认识到以后的资产负债表会更健康。摆饰、项链和有些使得生活舒适的物品可能会消失，但是，社会的收益将会是巨大的。在最后一章中将会继续阐述这些思想。

一种对变化的消极回应指出，在一个我们能够到月球旅行、定义基因组和提供世界范围通信的时代，这个时代如此复杂以至于我们很难理解它们的复杂性，我们不能或不愿模仿或考虑另一种或修正过的世界秩序吗？如果我们没能开始执行这个任务，这是因为我们受到现在不完美的体制的污染太重，或者可能太服从于它，以至于似乎行动没有意义。我们用这样的想法安慰我们自己，这种想法就是，即使一个国家希望退出经济全球化，它也不能这么做，因为它一定会自我毁灭。

日月如梭，现在的经济社会正在飞速地、自由地演变。未来的网络世界可能对人类的环境和社会需要关注不足。信息系统学教授伊恩·安吉尔（Ian Angell）[①] 在《新野蛮人宣言》中说，未来的社会将会由个人主义者组成，这些个人主义者工作纯粹是为了满足其自身经济需要。这是一个仅以利润为基础的胜利者的社会，这一社会将起草出它自己的规则和道德。作为财富发明者和生产者的"知识工人"，将会成为现代全球性公司的支柱和领导者。新社会的基础是这些人的经济幸福、他们的家庭和朋友的经济幸福。这些"信息富裕"的全球性社会将在身体上和精神上都和"信息贫穷"的平民分开。民族国家将会衰落。

政府和民主将会失去重要性，因为它们的决策不能得到执行。执行需要钱，这使税收成为必须。税收的增加将日益变得更加困难。随着税收的减少，养老金、医院以及社会和环境管理就会恶化。这个过程已经在进行中。全球性产业规避国家归属和税收，所有国家的企业税收都下降了，这些国家徒劳无益地希望吸引企业和它们的冒险家。高收入的知识工人和发明家在税收上被特殊对待，因为政府不能没有他们。随着税基收缩导致收入减少，税收被电子商务的运行和"黑色"经济或者地下经济进一步侵蚀。为了增加税收，政府已经诉诸鼓励赌博、无视像烟草消费这样的沉溺行为。最终，税基将只能来自食物、能源和水等生活必需品。在这种体制中，环境负债会继续快速发展，因为没有补救污染、

[①] Ian Angell, *The New Barbarian Manifesto* (Kogan Page Limited, London, 2000).

温室气体、盐度或毁林的财政能力。甚至我们处于萌芽状态的世界政府体制也会由于未交账款而瓦解。如果安吉尔的设想实现了，那么对抗这种可怕情景的唯一力量可能来自思想家和学者的网络社会，这些思想家和学者在全世界的"大学废墟"上联系起来。这可能是真正国际大学的一种形式。

新野蛮人社会以信息技术、熟练的企业家以及个人主义者为基础，这些个人主义者组成的集团"以信任为基础，对开明的自我利益有共同的认识，他们有共同的却又存在差别的世界观"①。这种新社会将拒斥腐败、宗教偏执、暴力和民族国家间的战争，并规避政府的税收和自由主义。远程通信技术将会促成一所虚拟大学，这一大学由美国和世界的顶级大学组成，为新野蛮人提供教育。这种念头甚至比现存的个人主义的信条更危险，因为它主张的新社会并没有注意到我们面临的环境危险。我们很难看出没有管理和牺牲怎么解决这些问题。

历史告诉我们，一个新社会，无论是"野蛮人的"还是其他的什么，都将回归《动物农场》的自我利益和混乱，除非人类从根本上改变他们的价值和思维方式。这应当是真正大学的思想家的首要任务。

那么，真正大学如何契合进入当今世界的大学领域？今天的大学自封为优秀大学，完全以为工业生产工作为导向，那些工作是科学的、技术的、管理的和经济的工作。实际上，这将是一所与社会发展无关的技术和职业学院。可能这些大学现在就是这种情况。这些大学将受到国家政府和产业的严重影响，接受它们的指导，接受它们的自主。它们将抛弃宽泛的自由教育，并抛弃它

---

① Ian Angell, *The New Barbarian Manifesto* (Kogan Page Limited, London, 2000).

们认为不经济的学科。

　　真正的大学将解决环境教育的根本问题。在一个环境教育在早期教育中普及的时代，在以经济为导向的"优秀大学"中，环境研究得到的支持将很可怜并逐渐减少。然而，如果思想倾向没有根本改变，大学中的环境意识和行动不太可能得到发展。真正大学将通过致力于真正的可持续性，承担这种重要的、常常是超国家的、照看人类的真正需要的任务。最重要的是，真正大学将是新一代生态精英的潜在训练场，当大崩溃来临时，这些生态精英将会努力保护我们文明的残余。他们将会成为新的黑暗时代的新教士。

第十章
民主能改革吗？

我们现在面临着一场全球内战的可能性，这是一场那些拒绝考虑文明无情地发展的后果的人和那些拒绝做破坏的沉默参加者的人之间的战争。越来越多有良心的人参与进抵制的努力中，但是，让这种斗争成为世界文明的核心组织原则的时间已经到来。

——艾伯特·戈尔①

揭露全球"反对"的本质

数百名科学家在《千年评估》中的著述以及其他的科学报告

宣称，人类正处于环境破坏的危险中。如果自由民主要存在下去，它就必须提供领导力、决心和牺牲，以应对这一问题。迄今为止，没有一丝证据表明，有人会提供这些东西，美国的掌权者也不可能提供这些东西。某些自由民主国家认识到全球变暖是一个可怕的问题，它们试图提供这些东西，却不能对温室气体排放产生影响。要阻止气候变化，在接着的几十年中，温室气体减排水平需要达到60%～80%。对比之下，京都议定书规定的减排水平只是很少几个百分点。问题的重大程度似乎是压倒性的，而事实上也是。尽管这样，许多人仍然否认这一问题，因为没有社会的巨大改变，这一问题是无法解决的。有人求助于那种使得化石燃料的使用不具有危害的技术进步，以便逃避必要的改变，但这忽视了问题的关键。如果全部人类都具有澳大利亚或者美国普通公民的生态足迹，要支持当前的世界人口，至少还需要另外三个地球。①成长中的经济体每年都要使用更多的土地、水、森林、自然资源以及居住地，在这种经济增长造成损耗的生活制度下，世界生态服务是不可能得到挽救的。

我们需要的措施已经经历了几十年的讨论和证明。没有一条措施是具有革命性的新观点。我们将讨论一些重要议题的主题，这些重要议题如限制增长、社团主义和统治分开、控制贷款发放（即金融改革）、法制改革，以及向公共利益回归。这些问题都在文献中得到了深度探讨，多项改革活动已经开始。不幸的是，由于这种问题有很多，改革者的资源和洞察力有限，这些问题的每一个往往都是孤立地处理的。生态学观点是一种追求整体性和一

---

① M. Wackernagel and W. Rees, *Our Ecological Footprint: Reducing Human Impact on the Earth* (New Society Publishers, Gabriola Island, BC, Canada, 1996).

致性的观点，从生态学的观点来看，这是一种错误。改革的这些领域存在密切的联系，为了造成变化，必须把这些领域当作一个协调一致的整体来对待。例如，银行和金融改革与法人权力的控制和限制有着密切的联系，因为金融资本是企业扩张的引擎。重新主张公地和保护自然环境免于企业劫掠的问题，也同规范法人权力的问题密切联系。按说这是一个法律问题，而反过来，法律结构受到政治和经济因素的影响非常大。最后，增长是否存在生态极限这一问题是所有问题的基础。只有这种问题的总体能够得到一个生态上可持续的解决方案，我们才能看到自由民主制改革的曙光。即使在那时，仍然存在一系列需要解决的文化和认识问题。改革的前景是令人沮丧的，但我们现在还是来考察一下主要需要哪些条件。

增长的极限

我们和经济增长之间的深情款款的婚姻必须解除。人们把一个经济体在一年中产生的所有物资和服务的货币价值表述为国内生产总值（GDP）。这是一个错误的计量方法，因为它不能计量一个社会的真正的经济和社会进步，① 但在这里，它与我们的讨论有关，因为它计量的大多数活动都消费能源。每个国家都以经济增长作为自己的目标，因为每个经济体都需要这种增长，这是为了它能在维持就业方面获得成功，也是为了它的居民的所谓的不断

---

① D. Shearman and Gary Sauer-Thompson, *Green or Gone*: *Health*, *Ecologym*, *Plagues*, *Greed and Our Future* (Wakefield Press, Adelaide, Australia, 1997).

增长的需要。政客们垂涎于经济增长。许多人会因 3% 的年度增长率而感到满意,他们认识到,这意味着经济体的规模较之上一年大 3%。在这一基础上,经济体的规模每 23 年翻一番。经过 43 年它变成了四倍。我们现在设想一下,为了运行这一经济体,23 年后,能源需要也将翻番。因此,如果温室气体排放要保持在今天的水平,那么 23 年后,大约一半的能源需要将必须是替代能源。我们的计算还不包括发展中国家急剧增长的能源需要。迄今为止,这些国家还不情愿考虑温室减排,它们说它们有不受阻碍地发展的权利,无论如何,发达国家对当前空气中的大部分二氧化碳负载负有责任。因此,不难推出,在当前对经济增长的文化适应不良的情境下,文明是没有未来的。可持续的经济增长是一种有矛盾的说法。这种关于翻番时间的论证适用于所有的环境问题推算。消费社会产生的其他污染的增长也将和经济增长成比例,如人和动物的废弃物、汞、顽固的有机污染物等。即使这些污染中有些得到减缓,其他污染也将因急剧增长的人口的活动而产生。科学告诉我们,我们已经超出了地球净化这些东西的能力。

在主张一种无增长经济方面,许多研究表明,健康、营养、居住和文化活动等基本需要的满足,所需资源较之西方人当前所享有的要少得多,在这些基本需要之外,财富和快乐或者幸福之间没有什么关系。一种无增长经济①能够提供生活和愉悦的必需品。刺激消费品市场的人和经济活动将大幅缩减,资源将被重新分配到真正可持续的企业、环境的基本看护和修复、能源节约,以及满足这些需要的东西和系统的生产。当前测度(也是以错误

---

① C. Hamilton, "The Post-Growth Society," in C. Hamilton (ed.), *Growth Fetish* (Allen & Unwin, Sydney, 2003), pp. 205 – 240.

的标准）的生活水准将下降，但我们别无选择。根本的问题是，在一个把消费主义和自由市场视为其命根子的自由民主制度下，怎样才能使得转型成为可能？

连体双胞胎：社团主义和统治的分离

托马斯·杰斐逊是美国宪法的创立人之一，他在给丹伯里（Danbury）浸信会的一封信中，写出了这样一个短语，"教会和国家之间的隔离墙"。[①] 无论杰斐逊使用这个短语的真正意义是什么——就此问题确实存在争议——人们普遍承认，至少他认为国家不应控制公民的宗教信仰。美国宪法虽然没有使用"教会和国家分离"的短语，但确实说过"不得以宗教信仰作为担任合众国属下任何官职或公职的必要资格"[②]。同样也说过"国会不得制定关于下列事项的法律：确立国教或禁止信教自由"[③]。

美国的宗教作家们，就这些话是否拒绝设立国教或者是否致使学校祈祷违宪，进行了长期的激烈争论。然而显然的是，存在一种把教会和国家的领域分离的意向，正如某些美国基督徒认为，这或许不是为了建立一个世俗社会，而是为了保持宗教的多元性、多样性和自由。无论如何，美国最初是由清教徒建立的，这些人离开欧洲，尤其是离开英国和爱尔兰，是为了信奉自己的宗教信仰，而不受到主流的新教和天主教教会的干涉。

---

① Thomas Jefferson, "Letter to the Danbury Baptists," 1802, at http://www.usconstitution.net/jeffwall.html.

② U. S. Constitution, Article VI, Sec. 3.

③ U. S. Constitution, Bill of Rights, First Amendment. .

在美国，这种教会和国家的分离在布什执政期间变得相当模糊，产生了灾难性后果。我们曾写到，在共和党阵营存在一种强烈的基督教原教旨主义情绪，这种情绪认为，保护环境是没有意义的，因为这种行为只不过是延迟了审判日的到来。最后一棵树木倒下之后，上帝可能就将到来。然而，其他原教旨主义者认为这种立场是有罪的，上帝在创世时认为世界是美好的，这种立场是未能当好世界的看护者的表现。这种冲突表明了把文明的维护立足于科学、人文和智慧的基础之上的世俗主义的重要性。

在澳大利亚，联邦宪法第 116 条也声称联邦政府不得关于宗教立法："联邦不得制定关于建立国教、规定任何宗教仪式或禁止信教自由的法律，不得规定参加宗教考试作为担任联邦公职的资格。"①

然而，欧洲的情况与美国的经验有着实质性的不同。在美国，移民向国家寻求宗教自由，而在欧洲则相反；国家寻求使自身与宗教分离有一个很长的历史演变过程。在封建主义条件下，教会和国家之间不存在分离。王权神圣的观念意味着国王是天生由上帝指定的。这种观念不断受到不同哲学家的抨击，其中最重要的是洛克（1632～1704）在其《政府论两篇》中的批判。然而，把国家同教会分离开来是一个缓慢的过程，这一过程是与教会力量的相对衰减和资本主义社会的出现相一致的。资本主义需要这样一种分离以有利于其充分展开，因为像禁止高利贷这样的宗教教义具有令人不快的减缓资本积累增长速度的倾向。世俗主义是工业资本主义和启蒙时代科学理性的产物。

---

① 在 Attorney-General（Vict）（Ex. Rel. Black）v. Commonwealth（1981）146 CLR 559 的案例中，Wilson J. 和 Stephen J. 都认为，第 116 条不能在澳大利亚确保教会和国家的严格分离。见 M. Wallace, "Is There a Seperation of Church and State in Australia and New Zealand?", *Australian Humanist*, No. 77, Autumn 2005.

本书并非关于历史的论著。寻求世俗社会如何在欧洲发展的准确历史记录远远超出了本书的范围。然而这种类比在这里很重要。正如国家使自身与宗教分离一样，现代国家必须使自身与社团主义的新宗教相分离，因为社团主义的运作是对真正的可持续发展的诅咒。

我们主张，如果本书中讨论的环境危机问题要得到解决，私有经济（即大企业）和国家之间的一种类似的分离就是必须的。必须迫使政府因政治原因而不是经济原因而行动。然而在现实中，自由民主制政府反映大企业的意志，定调子的是企业和金融的精英们。不遵从社团主义的小算盘的政府很快就会被媒体进行的政治心理战削弱。当然，随后就有金融利益集团操纵的金融机构的金融破坏威胁，还有美国军方针对任何危及全球资本主义现状的政府的秘密的或者公开的军事行动。威廉·布鲁姆（William Blum）在《流氓国家》①一书中，写满了记录翔实的这一类国际性案例。一个例子是：智利的萨尔瓦多·阿连德（1964～1973）是一位受欢迎的民主当选的马克思主义者。美国试图破坏阿连德在 1964 年和 1970 年的当选，1973 年，在对政府的破坏失败之后，美国支持了皮诺切特（Pinochet）将军，他推翻了阿连德政府。智利对外部世界封闭了一周时间，在那里，3000 人被处决，数千人"失踪"，好几万人受到刑讯。一些女性囚犯被经过特殊训练的狗强奸。当时的国务卿亨利·基辛格对皮诺切特说："如你所知，我们赞同你在这里试图做的事情。……我们祝福你的政府。"②

我们说过，要看到当前这种全球资本主义和自由民主体制将

① William Blum, *Rogue State* (Zed Books, London, 2002).
② William Blum, *Rogue State* (Zed Books, London, 2002), p. 143.

会如何终结并不困难：它将因生态必然性而终结。自然界将会扼住人类的喉咙，使人类面对人类造成的生态破坏。在我们看来，最不可能的就是，某种形式的、自发的、无组织的、民主式的公众意见能够在还来得及的时候唤醒大众对其命运的觉悟。相反，任何这种对体制的反抗都必须来自有组织的先锋队，在公共利益的名义下不惧怕游戏规则，这些新的哲学王是我们在前文讨论过的"威权主义替代物"的特色。

政治领域和独立的经济领域之间有严格的分离，这将是任何新的政府体制的核心原则。当然，经济领域将一直是所有社会的一个重要部分，将仍然具有一种政治的维度。但我们需要的是，政治决策应当凌驾于经济利益之上——换句话说，实用的经济理性应当受到法律的控制。与此同时，各国政府联合起来，以法律来制约企业的规模和力量，也是很重要的。这也将禁止企业发展的极限形式——垄断。因此，这样的措施将保护较小企业之间的竞争，这些企业的势力和资金都较小，不能造成全球性的环境危害。这种竞争逻辑也存在于足球和其他团体性运动的薪水封顶情况中，薪水封顶阻止了一两个球队统治联赛。

经济在我们生活中的重要性必须缩减，这要求——如许多环保作者曾强调的那样——在食物和生活必需品生产方面，在本地层面上尽可能实现自足。但更重要的是，它要求政府对社会的银行和经济部门进行控制，这些部门在最近 100 年左右的时间里，私有化程度越来越高。

把放贷者从庙堂赶出去

政治世界和经济世界相分离的一个重要部分是政府和社团主

义的分离。政府必须不再为了自己的生存而依赖于企业部门。这一点在金融领域比任何地方都更明显，在金融领域，美国和甚至大多数自由民主国家，其货币供给完全被私人控制。联邦储蓄系统不是美国政府的一部分；它是一种私有银行制度。

虽然普通人并不都知道，国家的信用产生和货币供给处于私有银行的控制之中。社会货币只有一小部分以纸币的形式存在；今天，社会的大多数银行存款以电脑条目的形式存在。在你存钱时，银行并不仅仅是把你的钱存在保险箱中；相反，基于并非所有人都会同时收回其资金的理念，银行能贷的款是他们的实际流动资金（从技术上讲是资本充足率）的许多倍。因此，银行能够产生信用。这种黑色魔术赋予了银行家族巨大的权力和影响力，但这种权力和影响力很少被用来为公共利益服务。乔治·索罗斯（George Soros）是索罗斯基金管理公司的董事长，随着银行的全球化，几个像他这样的金融大鳄就有能力影响国家的命运。这种权力必须从他们那里拿走，信用产生永远只能是政府的领地这一点必须成为任何明智的政治体制选择的一部分。银行和金融部门的国有化正如拥有国有军事力量而不是地方性的私人军队一样重要——如果不是更重要的话。

如果不大幅度地把资源从消费方面重新配置到修复方面，前面章节作了详细描述的对世界的既定破坏就不能得到补救，甚至不能得到减缓。私有资本不会资助这一点——不会有经济回报。当前政府花费的来自税收的钱连这一问题的边也沾不到。这种资助必须是政府提供，使用货币创造中的相当大部分。一个生存下去的世界要求把大量的人力和资源从无意义的经济增长重新配置到替代能源和水的供给和土地与生物多样性的保护上去。

任何政府，无论是不是民主的，只要致力于认真地应对环境危机，都需要尽力从私人金融家那里夺走货币供给的控制权。各种经济改革运动——例如 COMER（货币和经济改革委员会）——中的经济学家都认为，不仅我们的经济在生态上是不可持续的，而且我们的银行系统在生态上也是不可持续的。当前，政府从私有银行部门借钱，不是按照实际成本，而是实际成本的许多倍，而且当所有这种需要都不存在时，还要支付复利。今天的银行实际上是在印刷货币，以便创造一个建立在债务基础上的金融体系。某个个人从银行贷款，不是在从某个存款人的账户上借钱。借得的钱是银行创造的新货币。当贷款人使用这笔贷款时，这笔钱就释放进入社会。这种向社会供给货币的方式和由此导致的债务构成了金融体系的基础。社会中流通的货币是私有银行创造的。我们从迈克尔·罗博瑟姆（Michael Rowbotham）的《抓住死亡》①中借用一个例子，1997 年英国的数据如下：全部现存货币为 6800亿英镑。这些钱中，6550 亿是由私有银行创造的，250 亿是由政府以钞票和硬币的形式创造的。最为宽容的解释是，这种体系是一个巨大骗局，在这一骗局中，精英们管理着经济，他们为了他们自己的利益和资本主义的利益而每年付给自己数百万，资本主义依靠债务来使消费主义长期存在。这就导致了那些懂得这种体系的人讲的一个笑话："抢劫银行的最好方式是什么？成为 CEO。"在一个需要大量资金以修复环境的世界中，这一体系将如何回应呢？它不会回应。事实上，在自由民主国家里，许多私人银行在利润的名义下，有着资助环境破坏行为的记录。在自由民主国家中，环境修复仍然是一个较小的预算项目，和所有其他政府花费

---

① Michael Rowbotham, *The Grip of Death. A Study of Modern Money, Debt Slavery and Destructive Economics* (John Carpenter Publishing, Charlbury, England, 1998).

一样，是使用私有银行创造的货币来投资的。

当这种创造货币的体制被解释给普通公民时，这种解释受到了质疑，因为这难以置信。任何政府部长被问及这一体制及其改革时，出现的是相同的推诿性的沉默，同时伴随着这样的问题，"我们能让经济无限增长下去吗"。这两个问题是自由民主制和金融体系之间的共谋关系的双子塔，如果在生态上要生存下去，这种共谋关系就必须被取代。或许就是高利贷的奴役制度问题决定了"9·11"的打击目标。

总之，国家需要回归从它们自己的中央银行或者公有银行无息贷款的原则，这将会比从私有银行贷款的通货膨胀倾向弱得多。必须修改规则并控制货币供应。如果这种策略能够得到实施，那么打破社团主义当前施加于政府的束缚就是可能的。

法律改革：对法律的信任

法律制度作为自由民主制的社会制度的一部分，未能充分应对环境危机的挑战，事实上却推动了环境的退化和破坏，关于法律制度在这两方面的作用，本书已经作了初步探讨。

法律以非常直接的方式与环境危机相互作用的一个领域是气候变化诉讼领域。气候变化诉讼要求起诉人利用法庭的机制，以便为由企业和政府被告造成的破坏和伤害寻求补偿。气候变化法律诉讼的目的首先是为被告的温室气体排放造成的环境、人的健康和经济的伤害寻求经济赔偿，但更重要的是，争取媒体报道那些意图造成法律改革的行动以及政府和法人实体的行为变化。

因此，在"马萨诸塞及其他州对美国环保署（2007）"的案例中，[1] 包括美国多个州和支持团体在内的原告，试图让美国环保署（EPA）以《空气洁净法令》（1990）来规范新的机动车的温室气体排放。2005 年 7 月，这一请求被法院以 2∶1 的裁决驳回。然而，在 2006 年 3 月，原告向美国最高法院提出上诉。2006 年 6 月 26 日，美国最高法院决定审理这一案件，并于 2007 年 4 月 2 日作出了有利于原告的裁决。2006 年 9 月，加利福尼亚州也起诉六个美国大汽车生产商，为来自这些生产商产品的温室气体排放对加利福尼亚州造成的伤害索取赔偿金。"马萨诸塞州对环保署"的案件本身就是环境法律改革的一个大进步。然而，与环境危机的重大意义相比，这些成就很小，得来也很艰难。基于我们即将详细论述的原因，我们不认为法律制度在解决环境危机方面能起到先导作用，虽然它确实能作出一些贡献。

美国和澳大利亚的法律体系以英国习惯法（法官在法庭裁决中制定的法律）和观念为基础。这种法律的基础也是自由主义的基础——个人的价值至上。这里谈到的个人也可能是企业——在不到 200 年以前，企业人格和行为被引进英国习惯法。然而，自从诺曼征服（1066）以来，英国法律就一直是以个人为中心的。英基体系的另一个主要特征是赋予了私有产权以至上地位。对私有财产的侵犯常常受到比侵犯个人更重的处罚。我们在本书中已经看到，这些观念也构成了资本主义的观念基础。仅仅因为这个原因，我们就要怀疑，是否有任何一种法律挑战能够实现对当前的社

---

[1] See J. W. Smith and D. Shearman, *Climate Change Litigation*: *Analysing the Law*. *Scientific Evidence and Impacts on the Environment*, *Health and Property* (Presidian Legal Publications, Adelaide, Australia, 2006); Commonwealth of Massachusetts et al v EPA, 1275 S Ct. 1438. 549 US (2007).

会体制的实质性改变。法律挑战或许能产生某些有益的补救性措施，但这并不够。除了宪法解释之外，政府总是能够制定新法律，以胜过任何它们不喜欢的法庭裁决。最后，通过法庭的法律挑战非常昂贵，也很慢，远非理想方式。然而，在一种绝望的情境下，每一种选择都是值得实践的，有局限性的改革和变化胜过什么都没有。

在像美国和澳大利亚这样的以英国法为基础的国家里，环保立法被嫁接到自由民主制法律体系的个人私有财产基础上。因此，环保总是要和与之竞争的经济利益保持平衡，正如我们已经论证过的那样。

一种生态可持续的法律体系必须给予地球生命支持体系的保护以至上的优先权。这种价值必须胜过经济利益和个人自由的价值。否则公地悲剧的情况就会出现。我们记得，典型的公地悲剧①是，只根据经济效用最大化原则行动的个体经济人都将会追求对经济资源的利用以产生最高回报，直到这种资源耗尽（也就是灭绝）为止。对个人自我利益的追求导致集体性的环境破坏，这种破坏最终威胁到这些个人的生命，也危及经济体系本身。

因此，最高的法律原则必须是生态可持续性和环境保护的原则，这种最高原则必须铭记在所有国家的宪法中。粗略写来，这样的原则应当声称："本国负有这样的最高法律责任，即保护环境并且确保社会、政治，以及所有经济体系和任何行动者、个人或者实体的实质性影响环境的行为，在生态上具有可持续性。"我们用"在生态上具有可持续性"表示一个"X"，在这句话中"X"的位置应当放上对可持续性原则的简明表述。更进一步，每个个

① G. Hardin, "The Tragedy of the Unmanaged Commons," *Trends in Ecology and Evolution*, vol. 9, 1994, p. 199.

人和企业都负有环保的责任。

这一法律原则的严格实施本身就将叫停现代资本主义的许多破坏性发展项目。我们论证过，假设任何种类的宪法改变能够首先实现，以便创造一个具有生态可持续性的社会，都是不可想象的。因此，有人可能希望，国际法能被用做让生态上要赖的国家和企业守规矩的一种机制。有人可能希望，创建一个权力大于国际刑事法庭的国际生态法庭。在这样的法庭上，受到侵害的群体，例如由于人类导致的全球变暖而受到海平面上升危害的小岛国家，可以起诉那些未在京都议定书及其后续文件上签字的国家或者那些未能提出国内温室气体减排计划的国家。但是，这又是没有理由的信任。在没有世界性政府的情况下，法律的基本单位是民族国家，国际法完全依赖于民族国家的支持这种法律的承诺。例如，美国和以色列曾经反对建立一个国际刑事法庭，因为关键的政治领导人可能受到起诉。美国不再是国际法院的管辖权内的臣民。一个"长着牙齿"的国际生态法庭将会受到美国和其他国家的新保守主义政权的激烈反对。很难看到对美国和其他势力强大的企业执行判决。目前，某些针对美国实体的诽谤诉讼在美国管辖下获得胜利，但没有在美国得到执行，因为这些诉讼触犯了美国宪法对言论自由的保护。执行环保诉讼的困难甚至会更大。

总之，如果要想环境破坏得到控制，就需要对国内法律体系和国际法进行大的改革。我们严重怀疑法律体系作为领导者的能力。只有当更大的政治斗争已经获胜，或者当所有人都能看到环境危机后，法律改革才能跟上来。法律本质上是一种行动迟缓的、保守的动物，它是为保护个人和财产而建构的，我们不能指望太多来自这种资源的帮助。然而这不是失败主义的理由，而且，如果人权律师们在法庭上试图处置这些问题，我们祝福他们。但是我们怀疑这些缺少政治行动支持的努力的长期效果。这使得我们关注人类分享公共利益而不是获得公共利益的能力。

收 回 公 地

"公地"是前面章节一再提到的一个主题，我们现在重新讨论这一概念是为了说明，上文描述的改革实质上是为了防止公地的更多失窃和收回已经丢失的公地所需要的改革。在第四章中，我们强调生态服务的保持是保护人类文明的必需要素。生态就是公地的一部分。"Eco"来自希腊语 *oikos*，意思是动物、植物和人的栖息地。我们的论题是，民主社会将自我毁灭，因为它对空气、土壤和水这些公地——也就是自然公地的破坏所设定的限制不够。这些公地或者被私有化，或者通过向外部转移修复成本以提高企业利润而被污染。我们使用了容易理解的成熟林采伐的例子，这种采伐导致了土壤流失、水道污染和集水能力丧失，所有这些都被转移到外部，以使得利润增加。最终是社会买单。

环境公地是人类共有的财富，但我们应认识到，公地具有丰富的内涵，包括已经被剥夺属私人所有的公地。它包括政府和社会税收资助然后交给企业的学术研究发现；它包括为了公共的食物而对农业种子体系和专利加以控制；它包括对作为政治恩惠而分发出去的电视、广播频道的控制，对由政府发明而现在被交给私人所有的互联网的控制。① 这份已经丢失的资源的冗长单子还包

---

① David Bollier, *Silent Theft. The Private Plunder of Our Common Wealth* (Routledge, New York, 2002).

括银行和对货币供应的控制。我们曾经讨论过市场在自由民主制的热情帮助下吞噬这些社会资源的机制。这种行为在私有化效率、小政府和减税的花言巧语中得到合理化。美国领导着这种冲锋，而布什当局承诺在保护和经济利用之间达成平衡的"公益信托资源"方面，发起了一次新的攻击。这是人类历史上一再出现的主题，每一次相继的"平衡"之后，公地都要缩小。但是相同的机制在所有自由民主国家都是有效的，虽然这种机制没有像在美国那样得到热烈追捧。

自由民主国家愉快地接受了新自由主义及其超出资本主义的内容。[①] 意识形态现在起着决定性作用。那些在这一祭坛拜神的人甚至没有注意到他们的意识形态的狭隘范围之外的经济研究。保罗·梯姆普利特[②]（Paul Templet）研究了美国 50 个州的环境控制情况，证明控制的缺失导致经济虚弱。环保产生就业机会、使财富更为公平、公共卫生状况更为良好，以及更为公正的税收，但由于它要求较多的政府权力，因而导致较少的自由和较少的企业利润，它难以被意识形态基础接受。结果是，那些主张管制的人——往往是环保主义者——被贴上"激进主义分子"或者"社会主义分子"的标签，被指控应对就业机会的损失承担责任。他们和他们天然的同盟军——关注自身生活质量的工人——的关系被离间。

公地的回归要求本章所概述的货币和法律改革。没有证据表

---

① A. Saad-Filho and D. Johnson, *Neoliberalism. A Critical Reader* (Pluto Press, London, 2004).

② Paul H. Templet, *Defending the Public Domain*: *Pollution*, *Subsidies and Poverty*, PERI Working Paper No. DPE - 01 - 03 (University of Massachusetts, Political Economy Research Institute, 2001).

明企业的自我规范能够发挥作用，如果还要有任何保持自由民主制的理由，它们就必须在国内和国际上严格控制企业的行为，控制资助环境修复的货币供给。这样，我们就接近了最根本的问题，这一问题就是，人类本性是否愿意在当前的统治体制下做这些事情。

人类的能力和变形

对人类历史、智力、心理和变化能力的研究或许是这些探讨中最为重要的内容。我们能够学习先前的文明经验，这些文明有的自我毁灭了，而其他的则繁盛起来。贾德·戴蒙德（Jared Diamond）在《崩溃：社会如何走向失败或者生存》中说明，导致特定文明崩溃的有五个相互作用的因素。[①] 这些因素是：环境破坏、气候变化、友好贸易伙伴的变化，以及社会对这些变化的政治、经济和社会应对。东方岛屿上的波利尼西亚社会之所以灭亡是因为它们破坏了自己的环境。挪威人在格陵兰岛上的殖民地之所以灭亡是因为气候变化、敌人和贸易问题。玛雅人、美索不达米亚人和罗马人的文明的死亡原因虽然很复杂，但显然有环境原因。戴蒙德列举了日本、欧洲部分地区和新几内亚高地的其他社会，这些社会生存了很长时期，因为它们认识到了自己的问题，并进行了社会或者环境的改变。在历史上，这些文明在地理上都是局部化的，不能从其他文明的反面经验学习中受益。今天，我

---

① Jared Diamond, *Collapse: How Societies Choose to Fail or Survive* (Allen Lane, Cambell, Australia, 2005).

们能够考察失败者并从中学习。难道我们不能吗？

本书中我们列举了自由民主制内部妨碍认识的因素，它们是：阻碍政治变革的自身利益和惰性、所谓的自由新闻界的自身利益，以及企业和金融的利益。除了这些障碍以外，我们还必须加上一条，现在的男男女女都变成了机器人式的工人和机械性的消费者，这些人缺乏理解力。要让民众有能力理解当今的政治体制，就需要社会的根本性变化，更不用说让他们理解我们所依赖的生态服务的复杂性。我们怀疑任何民众转型的可能性，至少那种程度满足当今体制的根本的民主转型所需要的民众转型的可能性是值得怀疑的。例如，大多数人难以在此处描述的基本层次上理解资本主义的货币体系的本质。即使是那些智商稍微高一些的人，也难以理解信用产生的邪恶逻辑。然而，如缺乏这种理解，当今体制的改革是不可能的。在缺乏有意愿、有权力行动的领导的情况下，危机当然是不可解决的。

作为科学的现实主义者，如果我们想找到一种足以应对环境危机挑战的政治答案，我们必须着眼于其他地方。民主制像共产主义一样，是个好主意，可惜的是这两者都没有效果。如果有一种方法能够拯救民主制，那我们就应当拯救它，但是不大可能存在这样一种方法，因为普通人或者"易受大众传媒影响的人"并非用应对我们时代的挑战所必需的、合适的英雄材料制造的。

我们应当信任人类改革其思想过程的能力吗？一般的变化能够带来变革吗？今天我们有一个全球文明，危机也是全球性的。世界的人口怎么可能改变其态度呢？尽管每个人都有第六章中讨论过的冲动行为，他们的大脑却有一种进化能力以容纳新的思想和技能。音乐家身上就能看到这一点，他们大脑的音乐区能够扩大并发展。人类的最年轻一代由于参与了电子革命，改变了他们的思维和交流模式。① 最年青的一代人是"数字土著"，他们正在"发明新的在线方式，使得任何活动的发生都以他们能够使用的新技术为基础"②。人们谈到的已经变化了的活动有交流、买卖、创造（游戏）、会议、收藏、学习、社会化等许多许多。或许这是对穷人社会允许的自由的新定义，实际上，这是一个电子牢笼，它把人脑和电脑集成在电流脉冲束当中③。因为，尽管网络有其解放性的一面，这一代人中没有抗议和激进主义，不知道其他社会形态。这一代人像机器人一样被绑在经济体系、职业、大学学费、双薪家庭上，以放松处于西方文化的身份焦虑之中的消费者头脑。这是闲聊的一代人，他们不能正视社会大学的反面，他们的头脑可能穿越黑洞，进入一个不同的价值体系。

这并不是说，互联网不能成为变化的支点。针对社团主义行为和在世贸组织会议及其他金融峰会上组织全球抗议，已经证明互联网是不可或缺的。对人权、贫困和环境关注的共同线索把利益群体联合起来，进行统一的示威。但是政府和新闻界视他们为无政府主义者而压制他们，那些希望不受干扰地继续其消费文化的大多数人也不关心他们。迄今为止，他们在资本主义暴行的围堵面前，显得软弱无力。

有些人满怀热情地认为，这种组织武器能够通过告知性参与，提供一个改革民主制的机会：世界社会论坛和其他草根会议可以

---

① Mark Prensky, "The Emerging Online Life of the Digital Native," 2004, at http：//www. marcprensky. com/writing/default. asp.

② Mark Prensky, "The Emerging Online Life of the Digital Native," 2004, at http：//www. marcprensky. com/writing/default. asp.

③ 根据大卫·希尔曼的解释，这是想象把人脑和电脑放在一个由电子元件组成的笼子中，以便人机对话，人脑和电脑之间用电流脉冲进行交流。——译者注

发展。① 我们认为，指望通过自下而上的改革，让一种真正的民主
制发展起来已经来不及了。人类迄今为止的行为告诉我们，我们
将走向危机，随后是混乱和威权主义统治。

为未来做好准备是教育的至关重要的作用。但不是西方文明
的高级教育机构所兜售的那种教育，因为那种教育已经成为适应
不良的经济文化的工具，是一种为了在地球支持系统的限制之内
生活的教育。必须创建一种新的、未受玷污的、传播可持续性知
识的体系，传播的是正确的、不受审查的、未经剪辑的，而且是
具有科学正确性的知识。那些希望一种新启蒙的人自愿、自由地
获得的真正的大学教育，将为未来提供技术专家式的领袖。虽然
这种改革可能很慢，不足以缓解日益加重的环境问题，但我们必
须尝试。

一位画家会说，画一幅画就像一次到了终点才知道目的地何
在的旅行。作者浸润于民主制及其文化之中，通过生态学和管理
学的交叉开始了旅行，最终到了一个意料之外的终点。完成的画
面改变了我们的观点。在本书结尾之际，我们请求读者，考察一
下您生活于其中的政治体制，它们是否实施了任何意义重大的改
革，以便它们能够控制生态危机或者确实实现了本章所描述的任
何一个目标。更进一步，你认为自由民主制有这样做的能力和决
心吗？然后你将有能力决定你是否信任自由民主制会控制这种危
机。作者怀疑你将会再次阅读第八章。

---

① N. Klein, *Fences and Windows: Dispatches from the Front Lines of the Globalisation Debate* (Flamingo, London, 2002).

参考文献

Abbey, E., *The Monkey Wrench Gang* (Harper Perennial Modern Classics, New York, 2000).

Alverson, D.L., and Dunlop, K., *Status of World Marine Fish Stocks* (University of Washington School of Fisheries, University of Washington, 1998).

Angell, M., *The Truth About Drug Companies: How They Deceive Us and What To Do About It* (Random House, New York, 2004).

Appleyard, B., *Understanding the Present: Science and the Soul of Modern Man* (Picador/Pan Books, London, 1992).

Bakan, J., *The Corporation: The Pathological Pursuit of Power and Profit* (Constable and Robertson Ltd, London, 2004).

Beder, S.D., "Corporate Highjacking of the Greenhouse Debate," *The Ecologist*, vol. 29, 1999, pp. 119–122.

Belloc, H., *The Servile State* (T.N. Foulis, London, 1912).

Bertel, R., Dyer, K., and Gray, B., "Is Christianity Green? A Critique of Some Accepted Views on the Relationship Between Christianity and Environmentalism: A Discussion Paper," (Mawson Graduate Centre for Environmental Studies, University of Adelaide, Australia, 1995).

Blum, W., *Killing Hope* (Zed Books, London, 2003).

Blum, W., *Rogue State* (Zed Books, London, 2002).

Bollier, D., *Silent Theft: The Private Plunder of Our Common Wealth* (Routledge, New York, 2002).

Boyden, S., *The Biology of Civilisation: Understanding Human Culture as a Force in Nature* (University of New South Wales Press, Sydney, 2004).

Britton, S., "The Economic Contradictions of Democracy," *British Journal of Political Science*, vol. 5, 1975, pp. 129–150.

Brown, H.O.J., "Cultural Revolutions," *Chronicles,* June 2001, pp. 6–7.

Bryden, H.L., et al., "Slowing of the Atlantic Meridional Overturning Circulation at 25 N," *Nature*, vol. 438, 2005, pp. 655–657.

Burkhart, R.E., and Lewis-Berk, M.S., "Comparative Democracy: The Economic Development Thesis," *American Political Science Review,* vol. 88, 1994, pp. 903–910.

Burnham, J., *Suicide of the West: An Essay on the Meaning and Destiny of Liberalism* (Jonathan Cape, London, 1965).

Campbell, C.J., *The Essence of Oil and Gas Depletion* (Multi-Science Publishing Co Ltd, Essex, England, 2004).

Campbell, C.J., *Oil Crisis* (Multi-Science Publishing Co Ltd, Essex, England, 2005).

Conner, S., "Scientists Warm to Hurricane Theory," *The Independent Weekly*, December 11–17, 2005, p. 10.

Dahl, R., *Modern Political Analysis* (Prentice Hall, Englewood Cliffs, NJ, 1991).

Daly, H.F., and Cobb Jr., J.B., *For the Common Good*, 2nd edition (Beacon Press, Boston, 1989).

Dawkins, R., *The Selfish Gene* (Oxford University Press, Oxford, 1976).

de Botton, A., *Status Anxiety* (Pantheon Books, New York, 2004).

de la Boetie, E., *The Politics of Obedience: The Discourse of Voluntary Servitude* (Free Life Editions, New York, 1975).

Dennis, L., *The Coming American Fascism* (Harper and Brothers Publishers, New York, 1936).

Dershowitz, A., *The Case for Israel* (Wiley, New York, 2004).

Diamond, J., *Collapse: How Societies Choose to Fail or Survive* (Allen Lane, Camberwell, Victoria, Australia, 2005).

Ehrlich, P.R., and Ehrlich, A.H., *Healing the Planet: Strategies for Resolving the Environmental Crisis* (Addison-Wesley, Reading, MA, 1991).

Essex, C., and McKitrick, R., *Taken by Storm: The Troubled Science, Policy and Politics of Global Warming* (Key Porter Books Limited, Toronto, 2002).

Fahn, J.D., *A Land on Fire: The Environmental Consequences of the Southeast Asian Boom* (Westview Press, Boulder, CO, 2003).

Feyerabend, P.K., *Against Method* (SCM Press, London, 1975).

Feyerabend, P.K., *Killing Time* (University of Chicago Press, Chicago, 1995).

Gelbspan, R., *Boiling Point* (Basic Books, New York, 2004).

Georgescu-Roegen, N., *Economic Theory and Agrarian Economics* (Oxford Economic Papers, Oxford, 1950).

Glendon, M.A., *Rights Talk: The Impoverishment of Political Discourse* (The Free Press, New York, 1991).

Goodstein, D., *Out of Gas: The End of the Age of Oil* (W.W. Norton, New York, 2004).

Gore, A., *Earth in the Balance* (Houghton Mifflin, Boston, 1992).

Gottfried, P., *After Liberalism: Mass Democracy in the Managerial State* (Princeton University Press, Princeton, NJ, 1999).

Graham, G., *The Case Against the Democratic State* (Imprint Academic, Charlottesville, VA, 2002).

Gray, J., *Straw Dogs: Thoughts on Humans and Other Animals* (Granta Books, London, 2002).

Gurr, T.R., "Persistence and Change in Political Systems, 1800–1971," *American Political Science Review*, vol. 68, 1974, pp. 1482–1504.

Hamer, D.H., *The God Gene* (Doubleday, New York, 2004).

Hardin, G., "The Tragedy of the Commons," *Science*, vol. 162, 1968, pp. 1243–1248.

Heinberg, R., *The Party's Over: Oil, War and the Fate of Industrial Societies* (New Society Publishers, Gabriola Island, BC, Canada, 2003).

Hoppe, H-H., *Democracy: The God that Failed: The Economics and Politics of Monarchy, Democracy, and Natural Order* (Transaction Publishers, New Brunswick, NJ, 2001).

Jacobs, J., *Dark Age Ahead* (Random House, New York, 2004).

Kaplan, R., "Was Democracy Just a Moment?" *The Atlantic Monthly*, December 1997, pp. 55–80.

Kohr, L., *The Breakdown of Nations* (Reinhart, New York, 1957).

Kunstler, J.H., *The Long Emergency* (Atlantic Books, London, 2005).

Leggett, J., *The Empty Tank* (Random House, New York, 2005).

Lovelock, J., *The Revenge of Gaia* (Allen Lane, London, 2006).

Ludovici, A.M., *The Specious Origins of Liberalism: The Genesis of an Illusion* (Britons Publishing Company, London, 1967).

Lutton, W., and Tanton, J., *The Immigration Invasion* (The Social Contract Press, Petoskey, MI, 1994).

MacIntyre, A., *After Virtue* (Duckworth, London, 1981).

Maxwell, N., *From Knowledge to Wisdom: A Revolution in the Aims and Methods of Science* (Basil Blackwell, Oxford, 1984).

McMichael, A.J., *Human Frontiers, Environments and Disease* (Cambridge University Press, Cambridge, 2001).

Mencken, H.L., *A Mencken Chrestomathy* (Vintage Books, New York, 1982).

Monbiot, G., *The Age of Consent: A Manifesto for a New World Order* (Flamingo, London, 2003).

Monbiot, G., *Heat: How to Stop the Planet Burning* (Allen Lane, London, 2006).

Norris, P., and Inglehart, R., *Sacred and Secular: Religion and Politics Worldwide* (Cambridge University Press, Cambridge, 2004).

Olin, S.M., "Feminism and Multiculturalism: Some Tensions," *Ethics*, vol. 108, 1988, pp. 661–684.

Ophuls, W., *Ecology and the Politics of Scarcity: Prologue to a Political Theory of the Steady State* (W.H. Freeman, San Francisco, 1977).

Ophuls, W., *Requiem for Modern Politics: The Tragedy of the Enlightenment and the Challenge of the New Millennium* (Westview Press, Boulder, CO, 1997).

Ophuls, W., and Boyan Jr., A.S., *Ecology and the Politics of Scarcity Revisited: The Unravelling of the American Dream* (W.H. Freeman, New York, 1992).

Orwell, G., *Nineteen Eighty-Four* (Penguin Books, Middlesex, England, 1954).

Perelman, L.J., "Speculations on the Transition to Sustainable Energy," *Ethics*, vol. 90, April 1980, pp. 392–416.

Potts, M., and Short, R., *Ever Since Adam and Eve: The Evolution of Human Sexuality* (Cambridge University Press, Cambridge, 1999).

Readings, B., *The University in Ruins* (Harvard University Press, Cambridge, MA, 1996).

Rushton, P., *Race, Evolution and Behaviour*, 3rd edition (Charles Darwin Research Institute, Port Huron, MI, 2000).

Sharansky, N., *The Power of Freedom to Overcome Tyranny and Terror* (Public Affairs, New York, 2004).

Shearman, D., "Time and Tide Wait for No Man," *British Medical Journal*, vol. 325, 2002, pp. 1466–1468.

Shearman, D., and Sauer-Thompson, G., *Green or Gone: Health, Ecology, Plagues, Greed and Our Future* (Wakefield Press, Adelaide, Australia, 1997).

Smith, J., and Shearman, D., *Climate Change Litigation: Analysing the Law, Scientific Evidence and Impacts on the Environment, Health and Property* (Presidian Legal Publications, Adelaide, Australia, 2006).

Somit, A., and Petersen, J.A., *Darwinism, Dominance and Democracy* (Praeger, Westport, CT, 1997).

Stiglitz, J., *The Roaring Nineties* (Penguin Books, London, 2003).

Tabor, G.M., and Aguirre, A.A., "Ecosystem Health and Sentinel Species: Adding an Ecological Element to the Proverbial 'Canary in the Mineshaft,'" *EcoHealth*, vol. 1, 2004, pp. 226–228.

Thomas, C.D., et al., "Extinction Risk from Climate Change," *Nature*, vol. 427, 2004, pp. 145–148.

Vanhanen, T., *The Emergence of Democracy* (The Finnish Society of Science and Letters, Helsinki, 1984).

Wackernagel, M., and Rees, W., *Our Ecological Footprint: Reducing Human Impact on the Earth* (New Society Publishers, Gabriola Island, BC, Canada, 1996).

Weale, A., "The Impossibility of Liberal Egalitarianism," *Analysis*, vol. 40, 1980, pp. 13–19.

Wilson, E.O., *The Future of Life* (Little Brown, London, 2002).

Wolff, R.P., *In Defense of Anarchism* (Harper and Row, New York, 1970).

Zakaria, F., *The Future of Freedom: Illiberal Democracy at Home and Abroad* (W.W. Norton, New York, 2003).

译后记

本书由武锡申、李楠两人合译，最后由武锡申统稿校对，武锡申对本书的最终定稿负有完全责任。

本书在翻译过程中，得到了曹荣湘、马瑞、庄俊举、李姿姿、朱昔群、刘仁胜、黄晓武、刘敏茹、陈喜贵、武晓娟等人的帮助，他们在资料查阅、译法探讨等方面给了译者极大的帮助。另外，在翻译过程中，译者和本书的作者大卫·希尔曼先生多次通信，就一些专业问题和理解问题向他请教，得到了希尔曼先生热情而严肃的答复。在此，对他们以及所有帮助本书翻译、出版的人表示诚挚的谢意。

由于译者外语水平有限、专业准备存在欠缺，再加上时间仓促，本书难免存在错误、缺漏，希望读者不吝指教，谢谢。

译　者

2009 年 11 月

气候变化的政治

〔英〕安东尼·吉登斯 著　曹荣湘 译
2009年12月出版　35.00元
ISBN 978-7-5097-1162-0

　　气候变化正成为西方国家和越来越多的世界其他国家致力解决的问题，还可能成为未来20年地区或者全球政治的主要议题。而且以美国为首的西方国家正在拿"气候变化新政"来试图走出当前这场金融危机，并以此来制衡中国等发展中国家。

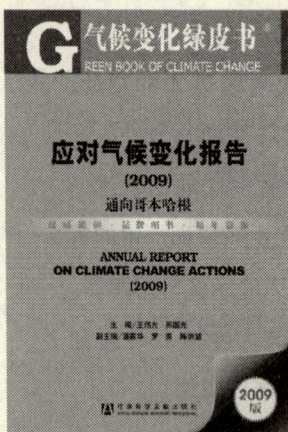

气候变化绿皮书
应对气候变化报告（2009）
　　——通向哥本哈根
（附SSDB光盘）

王伟光　郑国光　主编
2009年10月出版　68.00元
ISBN 978-7-5097-1077-7

　　本书由长期从事应对气候变化重大科学与社会经济问题研究和国际气候谈判的资深人士编写，对应对气候变化的各项议题进行了跟踪分析和深入研究，力图为读者全景式展示应对气候变化所涉及的各种问题的渊源、进展和未来发展方向。

郜若素气候变化报告

〔澳〕郜若素 著 张征 译
2009年12月出版 148.00元
ISBN 978-7-5097-1185-9

　　《郜若素气候变化报告》是继《斯特恩报告》之后，环境经济学领域的又一部杰出著作。本书从澳大利亚这个国别的视角，审视了气候变化对澳大利亚自然环境、生活环境以及经济发展造成的影响，分析了建立在高排放基础上的经济增长方式对气候造成的不可逆转的影响。此书独到之处在于，它不仅提出问题，而且在分析问题的基础上，给出可行性建议，并对各种可能的应对措施进行经济学的分析。

经济增长、环境与气候变迁
——中国的政策选择

宋立刚 胡永泰 主编
2009年5月出版 58.00元
ISBN 978-7-5097-0776-0

　　本书收录了来自世界各国四十余位著名经济学者的最新研究成果，内容涉及中国经济增长的决定性因素和未来展望、环境恶化和气候变迁对中国产生的影响、能源利用与环境保护的趋势三大主题，书中不仅提供了大量最新的研究数据和成果，同时也为我们展示了新颖的研究视角。

图书在版编目（CIP）数据

气候变化的挑战与民主的失灵／〔澳〕希尔曼（Shearman，D.），
〔澳〕史密斯（Smith，J. W.）著；武锡申，李楠译. —北京：社
会科学文献出版社，2009.12
（气候变化与人类发展译丛）
ISBN 978 - 7 - 5097 - 1196 - 5

Ⅰ.①气… Ⅱ.①希… ②史… ③武… ④李… Ⅲ.①政治制
度 - 影响 - 气候变化 - 研究 Ⅳ.①P467

中国版本图书馆 CIP 数据核字（2009）第 213053 号

·气候变化与人类发展译丛·

气候变化的挑战与民主的失灵

著　　者／〔澳〕大卫·希尔曼　　〔澳〕约瑟夫·韦恩·史密斯
译　　者／武锡申　李　楠
出 版 人／谢寿光
总 编 辑／邹东涛
出 版 者／社会科学文献出版社
地　　址／北京市西城区北三环中路甲 29 号院 3 号楼华龙大厦
邮政编码／100029
网　　址／http：//www. ssap. com. cn
网站支持／（010）59367077
责任部门／编译中心（010）59367139
电子信箱／bianyibu@ ssap. cn
项目负责人／祝得彬
责任编辑／刘　娟
责任校对／邓晓春
责任印制／蔡　静　董　然　米　扬

总 经 销／社会科学文献出版社发行部
　　　　　（010）59367080　59367097
经　　销／各地书店
读者服务／读者服务中心（010）59367028
排　　版／北京中文天地文化艺术有限公司
印　　刷／北京季蜂印刷有限公司

开　　本／787mm×1092mm　1/20
印　　张／12.4　字数／182 千字
版　　次／2009 年 12 月第 1 版　印次／2009 年 12 月第 1 次印刷

书　　号／ISBN 978 - 7 - 5097 - 1196 - 5
著作权合同
登 记 号／图字 01 - 2009 - 2160 号
定　　价／35.00 元